油圧と空気圧のおはなし

改訂版

辻 茂 著

日本規格協会

改訂にあたって

　産業経済社会のグローバル化の進展に伴い，我が国は各界に大きな変革が求められて来ています．かつて，1990年に5ケ年間にすべてのJISに対し，国際単位系（SI）への改訂を決定したように，さらに1995年には，まず3ケ年を目標に国際規格（ISO）と既制定の日本工業規格（JIS）との整合化作業が推し進められ，現在はその後新たに制定されているISOのJIS化が進行中であります．

　油圧・空気圧部門においては，1970年にISO／TC131（油圧・空気圧関係専門委員会）の発足以来，我が国はPメンバーとして，積極的に活動して来た実績を生かして，目下その整合化にも努力しています．本書に多く引用されていたJIS B 0125は廃止され，国際規格ISO 1219-1に整合させて，JIS B 0125-1"油圧・空気圧システム及び機器の図記号"として，2001年に新たに制定されております．

　このような国内外の技術経済社会の変化に即応し，日本規格協会の薦めもあり，本書の一部改訂を行うこととしました．特に①油圧・空気圧機器の需要部門別出荷額推移等の統計資料の追加記載，②諸単位の全面的なSI化と共に，③主として4章，5章における油圧・空気圧回路図等に多く使用されている，図記号を新しいJISに沿って見直しました．

　おわりに，本書の改訂に当たりその企画面において，日本規格協会の中村悦子氏，ならびに貴重な多くの資料の御提供を戴いた，日本フルードパワー工業会の中村美佐雄・堀切俊彦の両氏に対しここに感謝の意を表します．

2002年1月　　　　　　　　　　　　　　　　　　　　　著　者

まえがき （初版）

　人類は，学ぶ——考える——想像し——試みる（失敗と成功）——創造し——発展させ＝学ぶ，という知的・行動的なクローズドループの所産として，この偉大な文化・文明を構築し，この地球上に今日の繁栄をもたらしてきています．

　油圧と空気圧技術も他の機械の技術的進歩と同様，発明や考案に基づく機器の製作・設計が先行し，その実用化段階における改良工夫，さらには理論的解明がこれに加えられつつ，多くの歳月を経て，今日の発展をかちえたものといえましょう．

　火を恐れず，これを利用しえた唯一の生物を人類というならば，さらに水や風の流れやその力をも恐れず，これを利用しえたものを文明人と定義してもよいでしょう．人間は流体に圧力のエネルギーを与えることにより，それを輸送することを考え，さらにその圧力を巧みに利用することによって膨大な力を生み出すことに成功しました．その原理は，パスカルにより，その応用機械はそれより1世紀半後の18世紀末ブラマーにより実用化され，英国の産業革命に花を添えています．

　油圧と空気圧システムは動力の伝達とその制御において，その自由度とパワーの大きさに魅力を有し，工作機械，鍛圧，製鉄，建設などの主要諸機械システムの支援技術として，広く活用されています．1万トンの液圧プレス，油圧ショベル，ダンプトラック，あるいはトランスファマシンなどによる自動化機械システム，そしてコンピュータによる数値制御機械加工システムのファクトリーオートメーション（FA），フレキシブルマニファクチュアリーシステム（FMS）へと，その応用は多岐にわたり，また量的な需要をも充た

しています．

　非圧縮性の油を用いる油圧と，圧縮性のある空気を用いる空気圧の両技術は，その利用目的に適した特性を活用し，さらには電気・電子技術のマイクロエレクトロニクス（ME）との接合によって，今日のハイテク技術の一翼を担っています．この技術は地球に重力の加速度があり，物に質量がある限り，その使命は常に存在することでしょう．

　油圧と空気圧機器は，機械産業の要素機器として広い応用分野を有し，そのシステムの重要な機能部品であるということは，またその工業標準化の必要性を決定づけています．昭和30年代に始まった油圧機器のJIS（日本工業規格）化作業は，さらに国際規格であるISOへの参加によって，我が国は国際的にも通用する諸機械の要素機器としての油・空圧機器の技術を確立しつつあります．

　本書の目的とする技術分野は，工学の基礎理論とより実際的な技術的ノウハウの機微について，学・実の両面にわたる記述を要するものと考えられます．"おはなし科学・技術シリーズ"の趣旨に従い簡明にして，意をつくしうるよう図を多く取入れ，実用例を中心におはなしを進めるように努力いたすことを第一といたしました．

　このような分野に関心をおもちの読者が，少しでも油圧と空気圧について興味をもたれ，かつこれらの技術の発展に尽力した人々の足跡を御理解戴ければ，著者の望外の喜びとして，これに過ぎるものがありません．

　最後に，本書の出版に際し日本規格協会出版課の石川健氏並びに菅原憲氏に多大のご尽力をいただきました．ここに感謝いたします．

1992年1月

著　者

目　　次

改訂にあたって
まえがき（初版）

1. プロローグ
1.1　油圧と空気圧 ……………………………………………9
1.2　油圧と空気圧のルーツ …………………………………10
1.3　液圧機械の歴史 …………………………………………13
1.4　空気圧機械の歴史 ………………………………………16
1.5　油圧の原理 ………………………………………………20

2. 油圧・空気圧の特質
2.1　油圧システムの制御性 …………………………………23
2.2　油圧システムの特質 ……………………………………26
2.3　空気圧システムの特質 …………………………………28
2.4　油圧・空気圧並びに電気・電子方式の特質の比較 ………30

3. 流体とその力学
3.1　油圧作動油 ………………………………………………33
3.2　空気の性質 ………………………………………………38
3.3　流体における保存則 ……………………………………42
3.4　狭いすきまの流れ ………………………………………47
3.5　流体の圧力と力 …………………………………………49

4. 油空圧システムの構成機器
- 4.1 油空圧ポンプ・モータ …………………………………51
- 4.2 油空圧アクチュエータ …………………………………63
- 4.3 油空圧制御弁 ……………………………………………66

5. 油圧・空気圧システムのはたらき
- 5.1 油空圧制御のしくみ ……………………………………81
- 5.2 油空圧回路 ………………………………………………82
- 5.3 油圧基本回路のいろいろ ………………………………85
- 5.4 空気圧基本回路のいろいろ ……………………………107
- 5.5 空気圧論理回路 …………………………………………120

6. 油空圧利用のいろいろ
- 6.1 はじめに …………………………………………………127
- 6.2 建設機械・産業車両に見られる強大な操作力とその制御性 ……………………………………………………………132
- 6.3 農業の機械化に寄与する油圧 …………………………138
- 6.4 プラスチック加工機械における油圧の力とシーケンス制御 ……………………………………………………………140
- 6.5 工作機械の自動化の陰の力：油圧と空気圧 …………143
- 6.6 乗り物のハイテク化に貢献する油圧と空気圧 ………147
- 6.7 自動化システムにおける空気圧 ………………………149
- 6.8 自動溶接機における空気圧の利用 ……………………153

7. エピローグ

7.1 パスカル …………………………………………157
7.2 油空圧システムの工業標準化 …………………158
7.3 新技術開発への期待 ……………………………160
7.4 21世紀へのアプローチ …………………………162

引用・参考文献 ………………………………………165
索 引 …………………………………………………167

　　　　　　　　　イラストレーション　小川　集

1. プロローグ

1.1 油圧と空気圧

「人間とは何か——人間はものを作る．しかし動物の多くもそうする．人間はものを道具に作りかえる．しかし動物の二，三のものもそうする．人間だけが他の道具を作る道具を作るのである」これは第二次世界大戦後の1951年にトランスファマシンが最終的に開発され，オートメーションという技術が市民権を得たころ，チャールズ・シンガーがいっています．自動制御装置によって，製造品を許容基準内におさめるように自動的に調達しつつ生産する技術は，産業革命以来エンジニヤの夢であったことでしょう．またエジプトのアブシンベル神殿の古代遺跡の保存の大事業などに使われたジャッキ群は，これまた夢の怪力巨人の出現として，油圧システムが今世紀に達成した技術的所産といえましょう．

ジェームズ・ワット（J. Watt, 1736-1819）により幕が開けられた"人間を動力の供給者からの開放"を第一の産業革命とするならば，"人間の感覚と判断と操作とを結合したシステムとしての自動化と省力化"はまさに第二の産業革命ということができましょう．連続的な流体に物理的化学的処理を加えるプロセス産業の成長は，適切な自動制御システムの発明と開発におうところが多く，これらシステムは特に初めは空気圧あるいは油圧によって動かされていまし

た．後には電子工学的手法の発展により更に高度化されたものへと成長し，1918年以降の自動車に対する需要が確立するにつれ，生産面もますます合理化され，結果的にはトランスファマシンと呼ばれる工作機械生産システムが出現する運びとなりました．これらの技術が更に発展し，数値制御工作機械，そしてその統合技術としてのFMSへと進むこととなりました．このように油圧と空気圧は巨大な力の発生から微妙な制御の分野で，電気・電子技術などとともにその手足として，また頭脳ともなって，革新技術の一翼を担っています．

1.2 油圧と空気圧のルーツ

流体のエネルギーの利用を試みた人々のルーツをたどると，私達

はアレクサンドリアの科学的活動家のヘロン（Heron, 後 1～2 世紀）にまでさかのぼることになりましょう．数学者で物理学者で技術者でもあった彼が，三角形の面積をその 3 辺の長さから求められる"ヘロンの公式"を用いて実際的な測量法を解明したのは有名な業績ですが，ここでは"気体装置"（Pneumatica）の著作を挙げなければなりません．彼は，かの有名な"ヘロンの汽力球（反動タービン）"をはじめ，蒸気力及び風力によって動く錘りや空気の圧力によって動く機械を組み立てて，祭壇の灯の熱により自動的に扉の開閉を行ったりしましたが，ここでは風車のはたらきで祭壇のオルガンを鳴らした，からくりの例について少しおはなししましょう．図 1.1 は風車のはたらきによって，ピストンを機械的にシリンダの下方に押し下げて，回転運動を往復運動に変え，オルガンの空気ポンプを作動させて，オルガンに空気を送る工夫がなされていて，ま

風車のはたらきで空気を送る．棒 MN，XN は車 U の回転運動を往復運動に変え，オルガンのポンプを断続的に動かす（New York Public Library より）

図 1.1 ギリシャの祭壇オルガン（ヘロン）

さに自動装置ということができましょう．この書物でヘロンが，デモクリトス（Democritos, 前470-400）の真空肯定論とアリストテレス（Aristoteles, 前384-322）の真空否定論とを折衷した，ストラトンの不連続な微細な真空を肯定する説に賛成しているのは，実践科学者としてのめんぼくを示すものとして興味あるところです．これらの文化は"智慧の館"などに代表されるギリシャ科学文献のアラビア語訳の努力が，多くの協力者により続けられています．一方，バイキングの嵐によりヨーロッパは再三致命的な危険にさらされ，宗教支配の中世の暗黒時代を経験しています．しかし15世紀に至り，ルネッサンスの立役者レオナルド・ダ・ヴィンチ（Leonardo da Vinci, 1452-1519）に代表される多くの人々の活躍により現代文明の暁を迎えています．レオナルドの静水圧についての見解はまさにパスカル（Pascal, 1623-62）の定理を予見するものであり，これが油空圧技術の基本理論のルーツとして，興味あるところといえましょう（図1.2）．

*Pascal's "machine"
for multiplying forces.*

（History of Hydraulics より）
図1.2 パスカルの "Machine"

1.3 液圧機械の歴史

　流体の流れを制御し利用しようとした試みとしては，まずローマの"アッピウス水道"（紀元前312年）を挙げなければなりません．その給水系には水車や青銅製ポンプによる高所のタンクにくみ上げるしくみ，またその給水量は，蛇口の口径から計算して料金を査定していたことなどが記録されています．さらに，クテシビオス（Ctesibius, fl. 270）の消火ポンプなどの記録もありますが（図1.3），水の圧力そのものを，動力として利用しようという試みは，やはりラメリ（A. Ramelli, 1531-90）の"種々の巧みな機械"（図1.4），ジャコポ・ダ・ストラダ（J.da Strada, 1616）の「水，風，動物で動かすあらゆる種類の機械及び美しくて有用なポンプ」（1616年）などの出現をまたなければなりません．これには，機械の形式ごとの種類が多く，プランジャの往復動による流体の吸込み吐き出し，

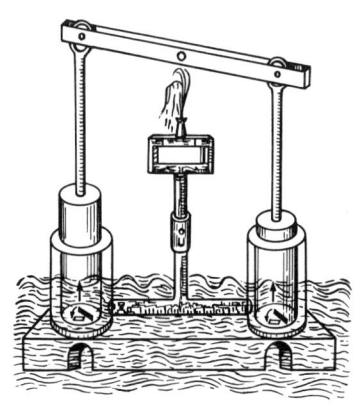

（History of Hydraulics より）
図1.3　クテシビオスの消火ポンプ

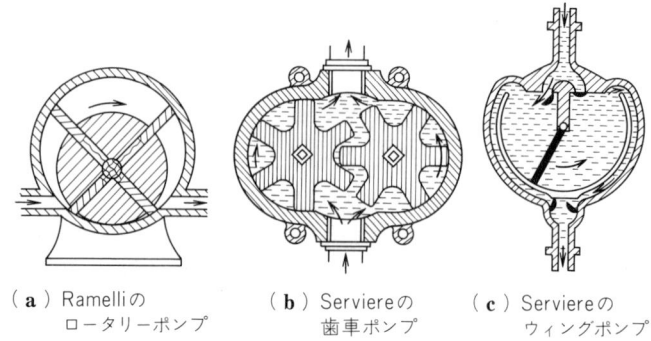

(a) Ramelliの
ロータリーポンプ

(b) Serviereの
歯車ポンプ

(c) Serviereの
ウィングポンプ

図1.4 ラメリのロータリーポンプなどポンプのアイディア

羽根を使って流体を動かす遠心形のポンプさえ例示されています．ポンプの弁には板弁，球弁が使われ，滑り弁の原理も応用されていて，現用ポンプの原型がほとんど提示されています．ただこの時代の基本的問題点は，直径の大きい金属円筒を正確に鋳造し，切削し，製作することができなかったことであり，もっともなことといえましょう．

　油圧機械の実用化には，優れた技術者であり発明家でもあるヘンリー・モーズレー（H.Maudslay, 1797）とジョジフ・ブラマー（J. Bramah, 1748-1814）による水圧プレスの出現までまたなければなりません（図1.5）．モーズレーは現用旋盤の原型を発明し，精度の良いシリンダとねじ切り技術を活用して，強力な水圧力の発生に貢献しています．こうなると液圧機械はせきを切った流れのように，その応用機械の発明やその製作が進められました．アームストロング（W.Armstrong, 1845）により水圧機械の利用が本格化し，その実用化例としての水圧クレーンやロンドンハイドロリックパワ社によるロンドンタワーブリッジやエレベータなどの水圧機械が市民生

1.3 液圧機械の歴史

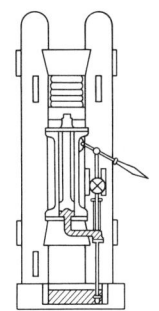

図1.5 ブラマーの水圧機[13]

活のなかにまで普及し，それが当時のハイテク新技術のシンボルともなっていました．

パリで1889年に開催された第2回万国博覧会のシンボルとなったエッフェル塔に，水圧エレベータが誇らしく取り付けられたことは興味あるはなしです．しかし歴史は皮肉にも時を同じくして，パリのL.ゴーラール（L. Gaulard, fl. 1881）とJ.D.ギップス（J. D. Gibbs, fl. 1883）による電気変圧器の発明（1881年）に端を発した，電気の交流化による交流電動機の発達普及の波に，この水圧機械万能の気運も急速に押しまくられ，やや下火となっていったこともまた事実です．それは水圧機械技術自身が，作動流体が水であるため，粘度が小さく潤滑性が悪く，金属の錆対策など技術的未完の問題もあって，大形水圧プレスや強力なパワーを必要とする兵器などに限定して利用されるにとどまることとなりました．

しかしこれは，20世紀後半に到来した"石油時代"の副産物ともいえる油圧作動油の豊富な供給と，耐油性の強い合成ゴムのパッキンなどが出現したことと，さらに，工作機械の精度向上，工業材料の開発，機械部品の標準化などの進歩により様相は一変してきて

います．時あたかも，産業界は自動化・省力化，高性能化の機運がおう盛となり，全く新しい発想の液圧システムとしての"油圧"が多くの技術分野で活用され，今日の発展を見るに至っています（図1.6）．技術の歴史も政治，経済などと同様，思いがけない，幾つかの要因の発生が，その消長の歴史を支配するものであると思うと感慨深いものがあります．

1.4 空気圧機械の歴史

産業革命は結局十分な燃料供給に依存してその発展が結果づけられていました．17世紀ごろよりイングランド南部の森林地帯で繁栄し始めた鉄鉱業は，木炭の取得のため森林づたいに北上し，次第に中部地方から北部へと移動を続けていきました．ついに18世紀

1.4 空気圧機械の歴史

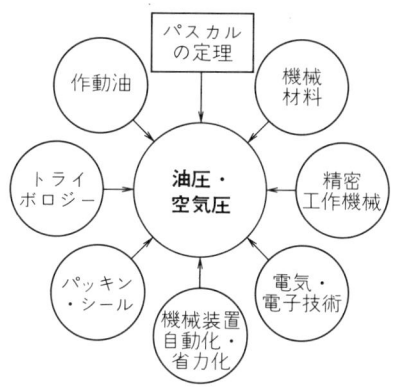

図1.6 油空圧技術を支えるもろもろ

中ごろに至りダービー家（A.Darby, 1717-75）三代にわたる木炭の代替としてのコークスの製造技術の確立を見るまでは，このエネルギー資源の枯渇は経済不安の要因として人々の頭から離れない問題でした．

かくて石炭は単なる燃料としてだけでなくその需要が急速に伸び，その生産はうなぎ上りに増大していきました．そしてソムリエ（G. Sommeillr, 1815-71）による圧縮空気により作動する単動式空気ドリルの発明（図1.7）は，イギリスの石炭にかかわる需要と採掘技術の向上努力の現れと考えられましょう．その後，1871年に近代的なドリルの原型がインガゾルドリルとして製作され，さらに，空気圧によりドリルがわずかに回転しながら，毎分300～500回の打撃を加えるなどの2作動の結合されたロー式機械が発表されています．このように技術の開発は社会的，経済的要望とその刺激によって触発され，創造され発展を繰り返していくものなのでしょ

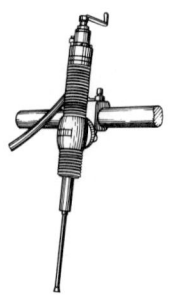

図 1.7　空気圧ドリル

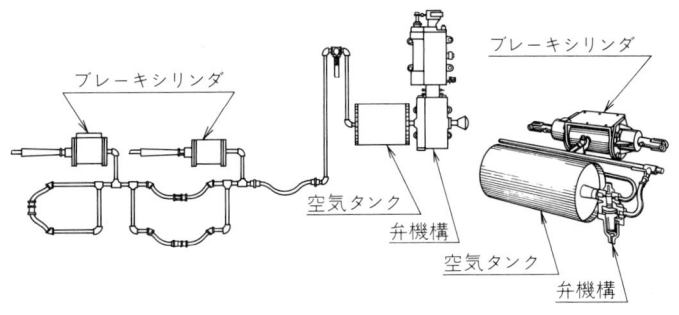

図 1.8　ウエスティング・ハウスの車両用ブレーキ

う．

　次にその一例を蒸気機関車が初めて，リバプール—マンチェスタ間を公共の鉄道（1830 年）として開通して以来のブレーキに関するエピソードについておはなししましょう．ジョージ・ウエスティング・ハウス（G. Westinghouse, 1846-1914）によって 1869 年に直通空気ブレーキが発明され，ブレーキ用管路破損時に自動的にブレーキがかかるシステム（図 1.8）が開発されていました．しかし鉄

1.4 空気圧機械の歴史

道会社側は従来の機械式，あるいは加圧式ブレーキにこだわり，採用されず議論に時を過ごしていました．しかしそのころ，アメリカ大陸横断鉄道が山岳地帯で車両の連結器が走行中に切れて，機関車のない客車が暴走し谷に墜落するという大惨事が発生しました．その結果1880年にこの空気圧ブレーキが直ちに採用され始め，その安全性が確保され，利用性が高く評価されつつ今日の鉄道産業の進歩に寄与しています．我が国の鉄道も1919年から採用し始め，さらに1927年に至り空気圧操作による車両用自動扉開閉装置も採用され，その後種々の改良はあったにせよ，今日の電磁弁を使用した空気圧システムへと発展し，歴史に残る技術の進歩を見ることができます．

その他鍛圧機械に空気圧を利用したものとして，エアダイクッション，クラッチ，ブレーキなどはおおよそ1930年ころといわれて

います.機械装置の自動化への利用は更に遅く,1950年代初期といわれ,その工業化の歴史は非常に新しいとされています.

このように空気圧技術は古くより産業の発展とともに開発され,その利用分野ごとに独自に発達を遂げてきた歴史があります.このため産業の革新化に伴う自動化・省力化用空気圧機器は,その体系化・標準化に多くの労を費やすこととなりました.しかし今日,JISあるいはISOの規格化努力が結実し,諸機械システムの要素機器として,その役割に応じることのできる基盤が整ってきています.

1.5 油圧の原理

油圧システムの基本構成は図1.9に示すように,
① 油圧ポンプ(歯車形,ベーン形,プランジャ形)
② 油圧制御弁(圧力,流量及び方向制御弁)
③ アクチュエータ(油圧シリンダ及びモータ)
④ 油タンク

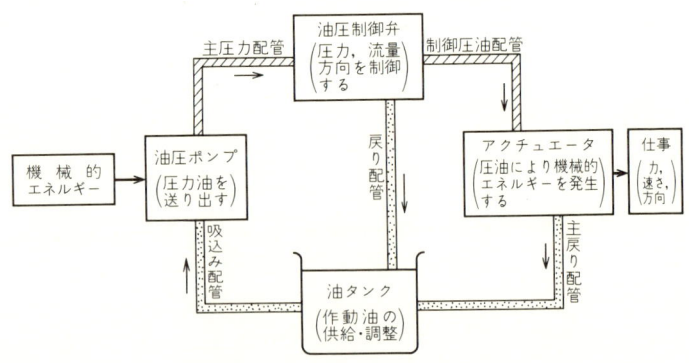

図1.9 油圧装置の基本構成

1.5 油圧の原理

⑤ 各機器を連結する管，その他フィルタなど

の五つの要素機器によって，基本的回路が作られます．電動機又はエンジンなどの機械的エネルギーにより，油圧ポンプが駆動され，油タンクから吸い込んだ作動油を加圧し，吐出し配管へ送り出します．次に各種制御弁により所定の値に制御された圧油をアクチュエータに送油し，シリンダなどの作用により所定の仕事を外界に与え，その目的を達成します．制御弁よりのドレーンや余分の油や戻り配管，アクチュエータよりの排出油は主戻り配管を経て油タンクに戻されます．タンク内では油の温度，コンタミネーションなどの管理がそれぞれの補機類により調整されるのが普通です．

さて流体の出す力と仕事について簡単におはなししましょう．図 1.10 は最も簡単化した原理図で，プランジャポンプにより，油圧ジャッキを作動するものと考えましょう．プランジャの断面積を a とし，ジャッキのシリンダの断面積を A としますと，いまプランジャが x だけ押し込まれるとシリンダは X だけ上昇するものとしましょう．もちろんこの場合制御弁が開いているので，管路内の圧力は等しく p であるということになります．したがって，両者の

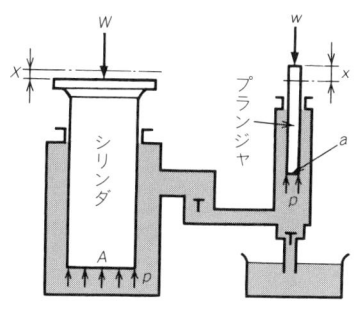

図 1.10 油圧の原理

仕事量は摩擦などの損失がないとすれば等しいこととなりますので，

$$apx = ApX, \quad ax = AX \tag{1.1}$$

いまジャッキ力を $W = Ap$，プランジャ力を $w = ap$ とすると式 (1.1) より，

$$W = wx/X \tag{1.2}$$

となり，大きな力 W を発生するには x/X，すなわちプランジャの往復速度を大きくすることにより結果的に x を大とし，結果的にジャッキの押上げ量 X を所定の値とすることができることになります．

以上の式に具体的な数値を仮定して試算してみましょう．

$a = 3$ cm²，$A = 300$ cm²，$p = 10$ MPa としますと，

$$W = Ap = 3 \times 10^5 \mathrm{N} \doteqdot 30 \mathrm{\ t} \tag{1.3}$$

となり非常に大きな押上げ力が得られることがわかります．このように油圧の出す強大な力は，エジプトの巨大遺跡として知られる4体の神をまつる大神殿をもジャッキアップすることに成功し，アスワンダムの湖底に沈む運命から救うことに成功していることは前にも述べたところです．

2. 油圧・空気圧の特質

2.1 油圧システムの制御性

　油圧はシステムを構成する油圧要素機器の機能によって発揮する特質が多岐にわたり，その作動の自由な性質が広く利用されています．主として，そのシステムの制御性に着目して，その活用段階を分類すると次の四つになりましょう．

　（a）**第1段階**　油圧ポンプの吐出し量が，基本的に回転速度によって，一義的に決まる歯車ポンプなどのような定容量形が用いられ，出力側のシリンダの速度が制御弁の作動にのみ依存するようなシステムです．この場合はシリンダの出力速度を落とすには，流量制御弁によって一部の流量をタンクへ無為に戻すことになり，システムの動力効率の低下は免れません（図2.1）．

　（b）**第2段階**　油圧ポンプの構造を工夫して，一定回転速度でも，吐出し圧力が定められた圧力以上に達すると自動的に理論吐出し量が減少していき，その圧力が更に上昇していくとほぼ吐出し量がなくなる．圧力補償制御の可変容量形ポンプを用いるシステムであって，ポンプの構造がやや複雑になりますが，システムの動力効率は良好となります（図2.2）．

　（c）**第3段階**　油圧回路内にシーケンス弁（入口圧力が所定の値に達すると，入口側から出口側への流れを許す圧力制御弁）など

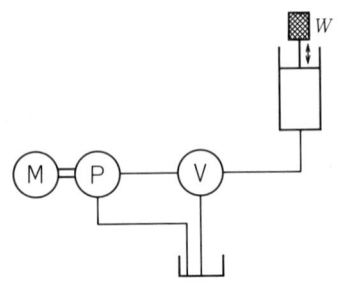

図 2.1 制御弁にのみ依存する油圧システムの制御（第 1 段階）

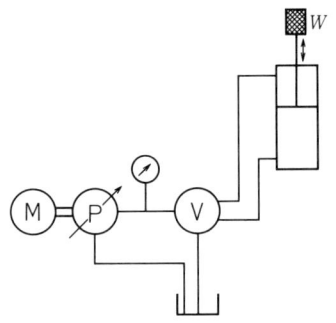

図 2.2 可変容量形ポンプと制御弁による油圧システムの制御（第 2 段階）

を組み込んで，二つ以上のシリンダを次々に作動させることのできる，いわゆるシーケンス制御システムとなります．この場合シーケンス弁に代わるものとして，圧力スイッチや機械的位置を検出して油圧あるいは電気的な信号によって，順序作動を行うこともでき

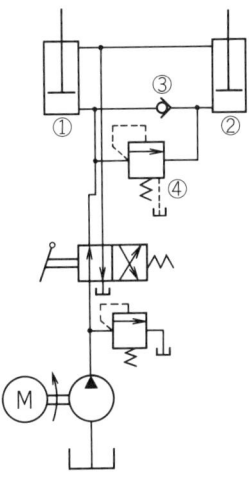

図 2.3 制御弁による油圧システムの
シーケンス制御（第 3 段階）

て，機械システムの自動化の基本的要素が与えられます（図 2.3）．

（d） **第 4 段階** 最も高度な油圧制御方式となる電気・油圧サーボ弁を組み込んだ油圧回路システムとして分類されます．これは電気その他の入力信号の関数として，流量又は圧力を制御することができるため，シリンダなどの出力側の速度やパワーを無段階に任意の要求される値に保つことができます．この場合はフィードバックを伴う閉回路の制御系が完成し，微妙な自動制御を行うことができますが，システムは高度化し，複雑化する難点があることも事実です（図 2.4）．

以上 4 段階に大別しましたが，最近，電磁石の電流値を変化させ

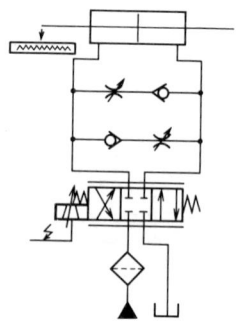

図 2.4 電気油圧サーボ弁による油圧
システムの制御（第 4 段階）

て，これに比例した流体の圧力・流量を得る機能をもった比例制御弁が開発され，第 3.5 段階ともいえる安価なシステムが利用されています．この場合はサーボ弁に対して，その応答周波数がやや低いのですが，作動油の汚染には強いのでハイドロエレクトロニックスと称してその実用性が高く評価されています．

2.2 油圧システムの特質

　油圧システムは，油圧ポンプを電動機あるいはエンジンによって駆動し，液体に圧力のエネルギーを与えて，これを流量，圧力そして流れの方向を制御することで，安全で自由度の非常に多い機械的エネルギーとして，有用な出力の得られるシステムと概括することができます．その"油圧"の特徴として次の数項を挙げることができます（図 2.5）．

　① 流量を制御弁で連続的あるいは間欠的に制御し，アクチュエ

2.2 油圧システムの特質

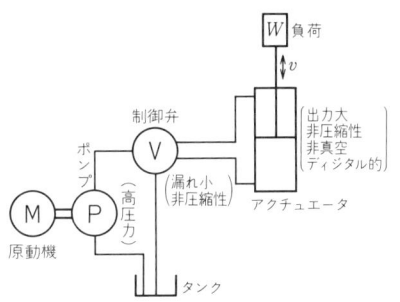

図2.5 油圧の特質

ータの出力を無段階に変速したり，間欠運動を計画的に行わせることができること．
② 制御弁の操作を油圧パイロット弁，あるいは電磁的スイッチ

などにより遠隔的に任意の位置において行いうること．
③　リリーフ弁（回路内の圧力を設定値に保持する弁）などを用いることによって，簡単にポンプや回路内の機器に過負荷や異常な高い圧力状態となることを自動的に防止しうること．
④　油圧モータによって，歯車減速機などを用いずとも，容易に低速大トルクを発生させうること．
⑤　自動化機械システムなどのアクチュエータの作動において，インタロックやシーケンス制御装置として簡単，かつ信頼性のあるものが得られること．

以上，主な特徴を挙げてみましたが，次のように注意しなければならないこともあります．
①　油温の変化によって油の粘度が変化し，シリンダ速度が変動したり，出力効率が変化することがあること．
②　振動や温度変化により装置の継ぎ目から油漏れを生じることがあること．
③　油の中に空気が混入したりすると，システムが機能不良になったり故障の原因となることがあること．

しかし，これらの短所は，技術的努力によって補うことができるし，また他の機械的な機構や電気や電子技術を併用することによって，優れた制御系を構成することができるので，広い分野の産業機器に多用されてきています．

2.3　空気圧システムの特質

　圧縮機や送風機によって，機械的エネルギーを気体の圧力のエネルギーに変換し，この圧力のある気体を制御弁により適当に制御し，アクチュエータから目的に適合した機械的エネルギーとして，

出力を得るシステムを"空気圧"ということができましょう．次にこのシステムを動力の伝達とその制御に利用するという面から，その特質について考えてみることとします（図 2.6）．

（1） 作動圧力は普通 0.7 MPa 以下で使用されます．これは往復形圧縮機の効率特性上おのずと決まるため，"油圧"方式と著しく異なるところです．したがって，出力が比較的小さい軽作業に適し，いわゆる自動化，省人化システムに広く活用されることとなります．

（2） 作動流体が空気ですから圧縮性があります．したがって，速度制御，アクチュエータの位置制御などが負荷の影響を直接受けるので，制御性から見ると難しい面はありますが，反面エネルギーの蓄積ができるため，短時間内に高速で大きな出力を得ることができます．

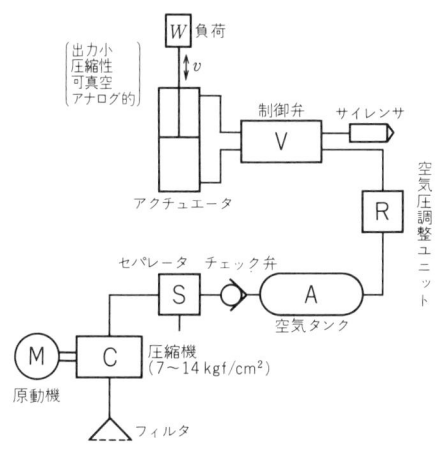

図 2.6 空気圧の特質

（3） 配管系の管理が容易なため，手軽に利用できます．特に無給油方式のシステムの場合は，空気が清浄であるため，食品，製紙，紡織，化学工業には最適とされています．

（4） 過負荷に対しては，必要以上の力を出すことなく自動的に停止するなど，本質的に安全性を得やすい特徴があります．

（5） 気体は油に比して粘性が小さく潤滑性に乏しいので，流体漏れ対策として，機器の滑動部分の隙間を少なくするためその摩耗防止には特に配慮した設計が必要となります．

（6） その他，多くの事業所にはあらかじめいろいろな目的で，圧縮空気源があるので，その利用に当たっては，必要に応じて制御弁とアクチュエータのみを組み合わせることによって，空気圧システムを活用することができるなど，その利用性が大きいほか，低価格で，かつ保守管理も容易という利点も見逃すことができません．

2.4 油圧・空気圧並びに電気・電子方式の特質の比較

自動化，省力化に利用しうる機器システムは多岐にわたりますが，機械方式，油圧・空気圧方式のほか電気・電子方式などに一応分類することができます．制御内容が簡単で規模が小さい場合は検出・制御・操作などの装置を全油圧式，全電気式などとして，単一構成によるメリットを重視することが普通行われます．しかし規模が大きくなり，システムが高度化し，複雑化してくると，いろいろな方式の特徴を生かし，短所を補うなどの工夫が行われるようになってまいりました．したがって，各方式の特質を十分理解し，基本計画を進めるべきで，実際には，一つの方式にのみ片寄った決定は時にリスクの大きなものとなることが考えられます．つまり，油圧も空圧もシステムエンジニヤリング（SE）の一環の技術分野を担

2.4 油圧・空気圧並びに電気・電子方式の特質の比較

表2.1 各制御方式の特徴比較

方式	操作力	操作速度	速応性	対負荷特性	構造	配線配管	保守	遠隔操作	無段変速
機械	あまり大きくない	小さい	中	ほとんどない	普通	特にない	簡単	困難	やや困難
電気	あまり大きくない	大きい	大	ほとんどない	やや複雑	比較的簡単	技術を要す	特に良好	やや困難
電子	小さい	大きい	大	ほとんどない	複雑	複雑	技術を特に要す	特に良好	良好
油圧	大きい(約10t以上可)	やや大きい(1m/s程度まで可)	大	少しある	やや複雑	複雑	簡単	良好	良好
空圧	やや大きい(約1t程度まで)	大きい(10m/s)	小	特に大きい	簡単	やや複雑	簡単	良好	やや良好

うものである,という認識が特に必要であるということができます.

　電気・電子並びに機械の各方式の特徴や要素機器の特性などについては,他書に譲ることとしますが,それらの典型的と思われる特徴を挙げれば,表2.1の各項のように表すことができましょう.

3. 流体とその力学

3.1 油圧作動油

　液圧動力の伝達，機器の滑動部分の潤滑，金属面の防錆などの基本的必要条件をほぼ満たすものとして，一般には石油系の鉱物系作動油が用いられています．しかし油圧機器の設置環境や特殊な使用に対しては，合成作動油や水性形作動油によって耐熱，不燃，抗着火性などの条件を満たす必要がありますが，この場合，潤滑性，腐食性などの性状を十分確認して使用する必要があります．

(1) 鉱物系油の粘性

　作動油の粘度は理想的には，温度変化にかかわらず一定となることが望まれますが，どうもそうはいきません．油の動粘度 ν（$c \cdot S_t$）と温度 t（℃）との関係は，その物性的に図 3.1 のように縦目盛が $\log_{10}\log_{10}\nu$ で，横目盛が $\log_{10}t$ で表されるグラフ上でほぼ直線的な変化をします．20～80℃ の範囲で比較的よく合うといわれている，ウベローデ，ウォルサー（Ubbelohde, Walther）の式は次のように示されます．

$$\log_{10}\log_{10}(\nu+0.8)=A-B\ \log_{10}(t+273) \qquad (3.1)$$

　この式のなかの A の値は石油からの分溜時の温度によって決まる値で，いわゆる油の濃さであり，B は油の産地すなわち成分分子の基本構造に関係する定数です．石油の成分の主成分は B_1 と

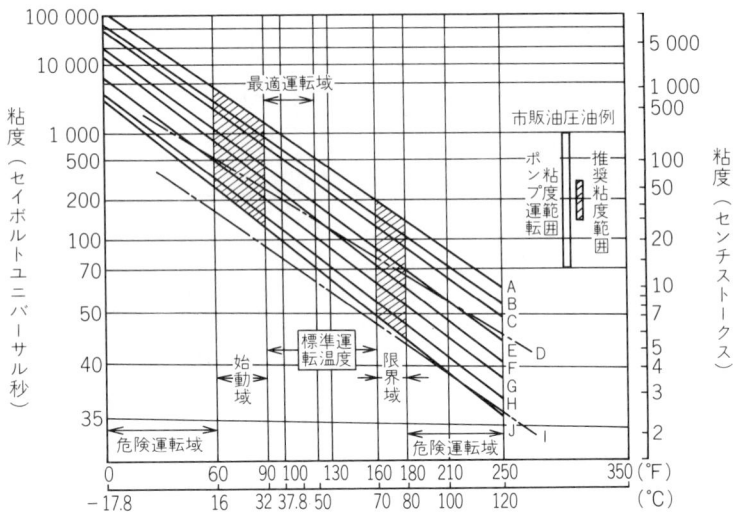

図 3.1 作動油の粘度

B_2 に分類されます．

B_1 系の成分の含有の多い石油系は，温度変化に対して粘度変化が少なく，いわゆる粘度指数 VI（Viscosity Index）値が大きく，ペンシルバーニア産の石油系作動油の VI 値＝100 に近い値となり，油圧作動油（VI 値は 95 以上が普通）としては優良なものといえます．もちろん B_2 系の成分の多いものは VI 値が小さく，ガルフ・コースト系油の VI 値＝0 に近くなります．なおここでおもしろいことに，同一原油から分溜された親戚に相当する各種用途の油（ガソリンとかマシン油など）の A の値は，その軽重によって種々の値のものとなります．しかしこの場合の B の値は，ほぼ一定の値と

3.1 油圧作動油

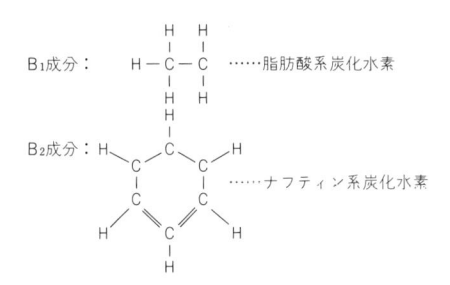

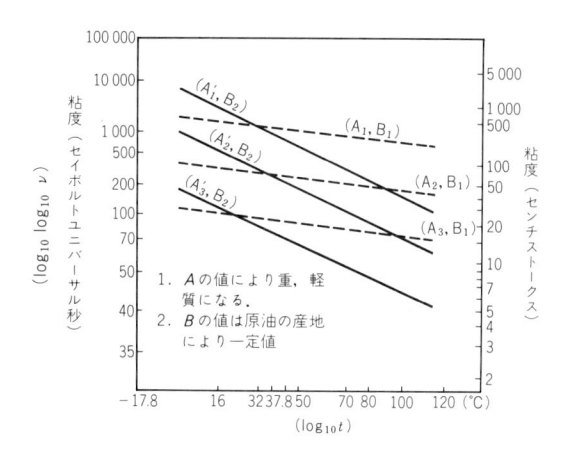

B₁成分: 　　……脂肪酸系炭化水素

B₂成分: 　　……ナフティン系炭化水素

1. Aの値により重, 軽質になる.
2. Bの値は原油の産地により一定値

図 3.2 鉱物油の粘性係数のふしぎ

なるため ν-t のグラフ上では当然同一の傾斜をもち，種々の A の値によって分けられる平行な直線によって表されます．つまりこの B の値によって，油の出身地が一目で判明することとなるわけです（図 3.2）．

（2） 添加剤による油性の向上

人間は常に考えることを怠りません．作動油の性質の向上のために種々の添加剤を用いて，その特性の向上を図ることに成功しています．

（a） 粘度指数向上剤　長鎖状の分子量の大きい炭化水素の少量の添加によって，粘度指数VI値を高くするものですが，あまり大きいせん断を絶えず受けますと，指数は基油の値に低下してしまい，元のもくあみとなる可能性があるので使用に当たっては注意が必要でしょう．

（b） 油性向上剤　作動油の最も重要な性質である潤滑性に関係する油性向上は，物理的あるいは化学的に金属表面の境界摩擦面の保護を図るものです．普通リン，イオウ，塩素などの有機化合物が用いられます．

（c） 酸化防止剤　油が変質する現象は油中の各分子の酸化に対応するものといわれます．酸化防止剤はこれを抑制するとともに，金属の表面に防食皮膜を形成し，油の劣化を防止する目的のものです．

添加剤として，イオン化合物，リン酸化合物，フェノール化合物などが用いられています．

（d） 消泡剤　油圧は作動油がこよなく非圧縮性流体の性質を維持することが前提です．ところが一般に油断するといろいろの原因で細かい気泡が油に混入し，圧縮性のある気液混合流体化してしまいます．消泡剤は，油中の空気と油の境界膜の平衡を不安定にして，泡を消す役目をするもので，このためシリコン油あるいはシリコンの有機化合物が添加剤として用いられます．つまり小さい気泡をつぶしつつ大きな気泡へと生長させ，すみやかに油面に浮き上がらせる作用を促進させるものです．

(3) 難燃性作動油

シリコン油,リン酸エステル油などの有機化合物による合成油系の作動油は,石油系に比べて潤滑性,腐食性,化学作用などの点で使用に当たっては十分注意をする必要があります.しかし火災などに対する要求も強く,その利用が広がりつつあります.このほか水溶性作動油として,35～60％の水を含有するグリコールあるいは水溶性の粘性剤などによる混合液は,グリースを析出したり,水分の蒸発による粘度,比重などの物性が徐々に変化するなどの問題はありますが,耐火性が大であるので,油中水形あるいは水中油形などの乳化形作動油とともにその利用が広まっています.各種作動油の一般性状を比較した一例を表3.1に示します.

表3.1 各種作動油の一般性状の比較例

項目 \ 油の種類	石油系油圧油	油中水形乳化油圧油	水グリコール系油圧油	リン酸エステル系合成油圧油
比 重 (at 15℃)	0.85～0.90	0.92	1.10	1.15
粘 度 (at $^{c.St}_{38℃}$)	40～70	76～97	43	43
粘度指数 (VI)	95～100	130～150	140～165	32
流 動 点 (℃)	－20 以下	－8～25	－30～－52	－20
水 分 (wt%)	—	40	35～45	—
引 火 点 (℃)	200 以上	なし	なし	600
酸化及び熱安定性	70℃ 以下	66℃ 以下	66℃ 以下	70℃以下では石油系より良好

3.2 空気の性質

空気圧技術を理解するには，まず空気の本質を見定める必要があります．それはどのような気体分子により構成されているか，その圧縮性，圧力と温度とその体積の関係など，油とはまた別のおもしろい性質が目立ちます．"相手を知り己れを知れば百戦百勝"といいますので，これから少し空気について考えてみましょう．

（1）空気の気体運動論的性質

気体は液体に比して，分子間の距離が大きくその運動が自由です．空気では分子の直径 3.72×10^{-8} cm の約9倍程度です．運動している分子が他の分子に衝突するまで動く距離を自由行路といいますが，これはその気体の圧力と温度に依存します．普通その長さは 6.4×10^{-6} cm ですから，空気の分子の直径の約170倍に相当してい

ます.気体の圧力はそれらの運動する分子が壁に衝突する際の運動量の変化に基づく力としてとらえることができます.気体はこのように分子間の距離が大きいため,分子相互間の力が弱く,その体積変化が容易に行われ,これが圧縮性が大きい理由となります.またその圧力,温度を変えることによって,その気体の体積が変化する性質が,液体に比して著しく大きいという性質があります.

(2) 空気の物性値

乾き空気の基準状態($0℃$,$1.013×10^5 N/m^2$)における空気の標準組成は体積組成で表3.2に示すとおりです.その他微量含有分子として,水素,ネオン,ヘリウムなどが含まれています.空気の分子量は28.962であり,単位体積当りの質量 ρ_0 は $1.293 kg/m^3$ ですから,常温 $20℃$ では約 $1.25 kg/m^3$ となります.したがって,軽い物あるいは目方のないようなものを表現するのに"空気のような…"というのは,少し抵抗を感じます.しかし,粘度は水に比べて1/100程度ですから,作動油に比して著しく小さく通常無視されるほどの値です.そのことは,潤滑性がほとんどないことを意味し,空気圧機器の設計に当たっての重要な問題を含んでいます.

(3) 気体の圧縮性

17世紀の科学革命のさなかに,気体の性質についての重要なボイル・シャールの法則,

$$Pv = RT \tag{3.2}$$

表3.2 空気の組成

	N_2	O_2	Ar	CO_2
体積組成	78.09	20.95	0.93	0.03
重量組成	75.53	23.14	1.28	0.05

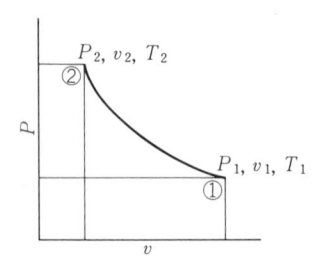

図3.3 等 温 変 化

がボイル (R. Boyle, 1627-91) とシャール (J. A. Charles, 1746-1823) の努力によって確立しました．ここに P は絶対圧力 (Pa), v は比体積 (m³/kg), T は絶対温度 (°K) であり, R はガス定数 (J/(kg°K)) です．

この法則を活用して，気体の等積変化を考え定積比熱 c_v (J/(kg°K)), 等圧変化から定圧比熱 C_v (J/(kg°K)) が導かれ, その比の形で，比熱の比 $n=C_P/C_v$ が定義されています．これらについての解説は物理学の教科書にお願いすることにさせていただきましょう．

(**a**) **等温変化**　温度 T を一定に保ちつつ, 図3.3における①の状態から②の状態へ圧縮すると,

$$P_1 v_1 = P_2 v_2 = RT = 一定 \tag{3.3}$$

の関係が成立します．したがって，その圧縮に要する仕事 l_{is} は, 計算の結果,

$$l_{is} = RT \log_e v_1/v_2 = RT \log_e P_2/P_1 \tag{3.4}$$

が求められます．

このような気体の状態変化は非常にゆっくりした変化の場合に適用され，一般には特殊な条件に属するようです．なおこの変化に際

3.2 空気の性質

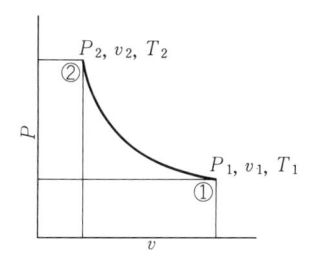

図3.4 断熱変化

しては圧縮過程では発生した熱量は外部にすべて放出し，膨張の際には熱を外部から得ることにより気体は等温を保つことになります．

（**b**） **断熱変化** 図3.4のP-v線図において，気体が①の状態から圧縮が始まり，②の状態へ変化する際，急速な変化が行われたり，容器を通しての熱の流出入がなく断熱的変化であると仮定します．

このとき計算の結果は，

$$Pv^n = C = 一定 \tag{3.5}$$

という式によって表されます．この場合，気体が空気であるとすれば，比熱の比 $n=1.4$ が求められます．なお，前述の等温変化の場合は，式(3.2)により $n=1$ となります．そして，断熱圧縮に要する仕事 l_{ad} は，

$$l_{ad} = \frac{n}{n-1}(P_2 v_2 - P_1 v_1) = \frac{1}{n-1} P_1 v_1 \left[\left(\frac{P_2}{P_1} \right)^{(n-1)/n} - 1 \right] \tag{3.6}$$

またこの場合の温度上昇は，

$$T_2 = T_1 \frac{P_2 v_2}{P_1 v_1} = T_1 \left(\frac{P_2}{P_1} \right)^{(n-1)/n} \tag{3.7}$$

によって表されます.

なお実際の場合は,不完全な断熱圧縮と一般には考えられ,このときの比熱の比を m としますと,$n>m>1$ となり,一般にこのような気体の状態変化はポリトロープ変化と呼ばれています.この m の値は気体の状態変化の速さや,その気体の周囲の容器などの条件で実験的に求められるのが普通です.

3.3 流体における保存則

流体の運動を知るための方程式を導くには基本的に,①流体を分子の集りと考えて統計的手法により,確立論を適用して説明するもので,希薄ガスなどに対して体系化されているもの,②流体を連続体として扱う方法で,流体の各点で速度,圧力,密度をそれぞれ,場所と時間の関数として決定するものに分けられます.普通の状態の流体は後者により,広く流れの現象をうまく取り扱うことが可能です.

流体の流れの解析の基礎となる関係は,質量保存則により連続の式を,運動量保存則により運動方程式を,そしてエネルギー保存則によりエネルギー方程式を導くことができ,これらを総称して保存の方程式といいます.これらは流体の性質から導かれる,最も重要な基本方程式ということができましょう.

(1) **質量保存則**(連続の式)

時間的に変化しない流れにおいて,流線管に沿った二つの断面①と②について,そこを通る質量流量 G は常に一定であるという定常流については,次の式が成り立ちます(図 3.5).

$$A_1 w_1 \rho_1 = A_2 w_2 \rho_2 = G = 一定 \tag{3.8}$$

ただし,A, w, ρ はそれぞれ管断面積,平均速度,密度であ

3.3 流体における保存則

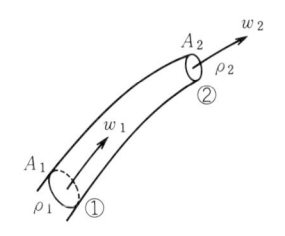

図 3.5 流体の保存則

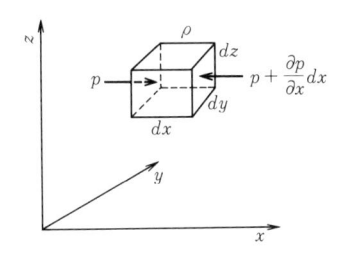

図 3.6 流体の運動量の保存則

り，添字 1, 2 は断面の位置を示します．

以上の式を連続の式といい，液体のように $\rho \fallingdotseq$ 一定とする非圧縮流体と考えることができますと，

$$A_1 w_1 = A_2 w_2 = Q = 一定 \tag{3.9}$$

となり体積流量 Q が一定となります．

これらの式は流体の管路流れに適用され断面積と流速との関係を表す，簡単にしてかつ重要な理論式となります．

（2） **運動量保存則**（運動方程式）

運動する流体に作用する力は，次の四つが考えられます（図 3.6）．

① 流体の質量と加速度の積で表される慣性力
$$=\rho\frac{Du}{Dt} \tag{3.10}$$

② 圧力差に起因する力
$$=[p-(p+\frac{\partial P}{\partial x}dx)]dydz \tag{3.11}$$

③ 流体の質量に作用する質量力で，外力ともいわれる力
$$=\rho dxdydzX \tag{3.12}$$

④ 流体の粘性による粘性力
$$=(\mu\nabla^2 u+\frac{\mu}{3}\cdot\frac{\partial\theta}{\partial x})dx\cdot dy\cdot dz \tag{3.13}$$

以上の四つの力はニュートン (I. Newton, 1642-1727) の第2法則により，

$$[慣性項]=[圧力項]+[質量力項]+[粘性力項] \tag{3.14}$$

の関係が成り立ちます．これより三つの次元に対して次の式が求められます．

$$\rho\frac{Du}{Dt}=\rho X-\frac{\partial p}{\partial x}+\mu\nabla^2 u+\frac{\mu}{3}\cdot\frac{\partial\theta}{\partial x} \tag{3.15}$$

$$\rho\frac{Dv}{Dt}=\rho Y-\frac{\partial p}{\partial y}+\mu\nabla^2 v+\frac{\mu}{3}\cdot\frac{\partial\theta}{\partial y} \tag{3.16}$$

$$\rho\frac{Dw}{Dt}=\rho Z-\frac{\partial p}{\partial z}+\mu\nabla^2 w+\frac{\mu}{3}\cdot\frac{\partial\theta}{\partial z} \tag{3.17}$$

これをナビエ (L. M. H. Navier, 1785-1836)・ストークス (G. G. Stokes, 1819-1903) の運動方程式と呼びます．このバランスの良い数式的に美しいN-S方程式はそのまま計算に利用された例を知りません．数年前のはなしですが，当時のコンピュータを用いても，まともに数値計算をしますと，数十年はかかるという試算をした人もいたほどでした．

実際には，流体を非圧縮性として，$\theta=0$ とし $(\mu/3)\cdot(\partial\theta/\partial x)$

の項を省略し，さらに定常流で，かつ非常に遅い流れと考えて，質量を無視しうるとすると，$\partial u/\partial t = 0$，$\rho X = 0$ となって，

$$\frac{\partial p}{\partial x} = \mu \nabla^2 u, \quad \frac{\partial p}{\partial y} = \mu \nabla^2 v, \quad \frac{\partial p}{\partial z} = \mu \nabla^2 w \tag{3.18}$$

となります．この式をストークスの運動方程式といい，非圧縮性の遅い流れについては実用性のある式として活用されています．

以上のように流体の粘性を考慮して流体の運動を論ずるのは計算上の困難が多いので，今度は粘性を無視するとN-S方程式は次のような形となります．

$$\rho \frac{Du}{Dt} = \rho X - \frac{\partial p}{\partial x} \tag{3.19}$$

$$\rho \frac{Dv}{Dt} = \rho Y - \frac{\partial p}{\partial y} \tag{3.20}$$

$$\rho \frac{Dw}{Dt} = \rho Z - \frac{\partial p}{\partial z} \tag{3.21}$$

これをオイラー（Euler, 1707-83）の運動方程式と呼び実用的に最も重要な式です．なお，流体が静止した場合上式の $Du/Dt = Dv/Dt = Dw/Dt = 0$ ですから，

$$\partial p/\partial x = \rho X, \quad \partial p/\partial y = \rho Y, \quad \partial p/\partial z = \rho Z \tag{3.22}$$

となり，かつ，重力場の地球上では重力の加速度 g が z 軸のみに作用しますから，$\rho g = \gamma$ をその流体の比重量とすると

$$X = Y = 0, \quad Z = -g \tag{3.23}$$

したがって，

$$dp = -\rho g dz = -\gamma dz \tag{3.24}$$

つまり，H の深さの静水圧を P とすると，

$$P = \gamma H \tag{3.25}$$

となり，流体の静水圧がその深さ H の関数となるという関係が導き出されます．これはどうも"泰山鳴動してねずみ一匹"の感は免

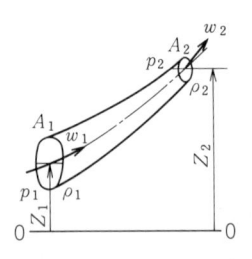

図3.7 ベルヌーイの流管

れませんが,流体の流れの基本的性状を解明するには広く活用されています.

(3) **エネルギー保存則**(ベルヌーイの定理)

流体が定常的に図3.7の断面①,②を通るとき,質量は $\gamma Q/g$ であるので,運動のエネルギーは $(\gamma Q/g)w^2/2$ であり,圧力のエネルギーは Qp,位置のエネルギーは γQz で表されます.したがって,エネルギー保存則から,断面①,②について,

$$\gamma Q w_1^2/2g + Q p_1 + \gamma Q z_1 = \gamma Q w_2^2/2g + Q p_2 + \gamma Q z_2 \tag{3.26}$$

γQ を消去しますと,

$$w_1^2/2g + p_1/\gamma + z_1 = w_2^2/2g + p_2/\gamma + z_2 \tag{3.27}$$

これはエネルギーをヘッドの単位で表したものでこれをベルヌーイ(D. Bernoulli, 1700-82)の方程式といい,流体の流れを解析する場合に用いられる重要な式です.世の流体系のエンジニヤは片時も忘れることはできません.実際には,粘性力によるエネルギー損失の少ない流れに適用されます.また気体については,特に位置のエネルギーは無視しうるが,一方,圧力と温度に相関があるのでエンタルピー i を用いる必要があります.

$$w^2/2g + p/\gamma + Je = w^2/2g + Ji = \text{Const.} \tag{3.28}$$

3.4 狭いすきまの流れ（層流の流体摩擦損失）

流体の流れは微視的な分子間の流れの相互関係において，全く異なった二つのパターンに分けられます．動粘度 ν，速度 v とし，すきまや管径のような代表寸法を l とすると，レイノルズ (O. Reynolds, 1842-1912) は実験的に $Re = v \cdot l / \nu$ なる無次元量を提示し，ある一定値（円管では 2 000）以下の場合層流となり，以上の場合は乱流となることを実験的に明らかにしました．前者の流れの状態では分子の流線は相交差することがなく，後者の場合は無数のうずを包含するいわゆる乱れた流れとなります．油圧や空気圧の要素機器内部の狭いすきまの流れは，一般に層流となることが多いので，ここでは二，三の場合の圧力とすきま流れについて考えてみましょう．

（1） 円管の層流管摩擦の流れ（ハーゲン・ポアズイユの法則）

円管内を流体が図 3.8 のように層流の状態で流れているときには，ナビエ・ストークスの式を簡略化したストークスの式を適用することができます．途中の式の誘導を省略しますが，任意の位置の流速 u は，

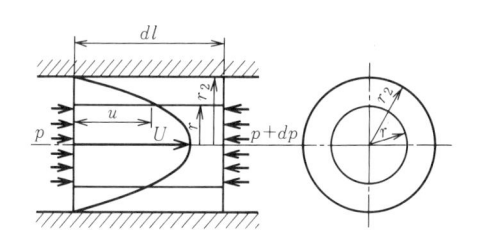

図 3.8 ハーゲン・ポアズイユの法則

$$u=-\frac{1}{4\mu} \cdot \frac{dp}{dx}(r_2{}^2-r^2) \tag{3.29}$$

また流量は,

$$Q=\int_0^{r_2} 2\pi r u dr = -\frac{\pi r_2{}^4}{8\mu} \cdot \frac{dp}{dx} \tag{3.30}$$

となります.式中に(−)がついているのは dp/dx が負の値をとるため Q の値は(＋)になります.念のため！ 上式が有名なハーゲン(G. Hagen, 1793-1884)・ポアズイユ(J. L. Poiseuille, 1799-1869)の式として知られ広く活用されています.ここで重要なことは層流管内流れでは,同じ圧力こう配において,流量 Q は管径 d の4乗に比例するということです.

なお,層流に関するこの式は当時血液の循環系の研究者であったポアズイユの実験結果に対して,理数学者であったハーゲンによる理論結果がともに大きな貢献をしたということで,両者の名を並べて呼称されていますが,科学の究明には実・学の両方法がともに重要であることを示していて,興味の深いものが感ぜられます.

(2) 平行なすきま内の流れ

平行なすきま内の流れは,レイノルズ数が小さく,層流であるとして計算を進めることができます.また環状すきまであっても直径に比して,すきまが非常に小さい場合も平行平板として求められます.前項と同様にして,任意の位置 y における流速 u は(図3.9),

$$u=-\frac{1}{2\mu} \cdot \frac{dp}{dl}\left(\frac{\delta^2}{4}-y^2\right) \tag{3.31}$$

その流量を Q とすれば,

$$Q=\frac{\delta}{3\mu} \cdot \frac{dp}{dl} \cdot \frac{\delta^2}{4}b = \frac{\delta^3 b}{12\mu} \cdot \frac{dp}{dl} \tag{3.32}$$

となり,その流量 Q (一般には圧力側からの漏れ流量と考えられる)は,そのすきま δ の3乗に比例して多く流れることを意味し

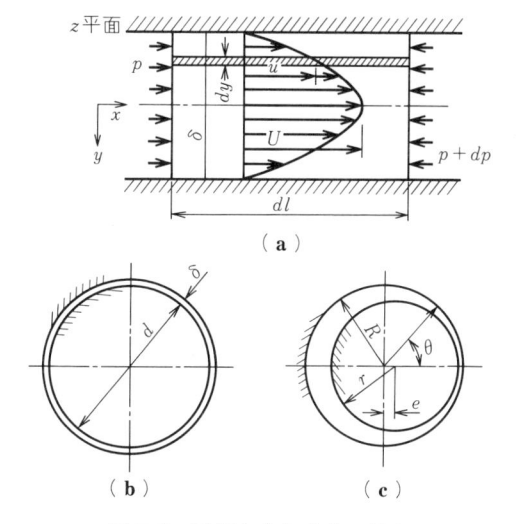

図 3.9 平行なすきま内の流れ

ています．このことも，油漏れを極端にきらう油圧機器の性能向上には重要な理論結果といえましょう．

3.5 流体の圧力と力

フランスの数学者，物理学者であり哲学者でもあったパスカルは，17世紀の科学革命期の代表的な天才科学者として知られています．彼は図3.10のような連通シリンダの密閉された容器中の流体に加えた圧力は，すべての部分にそのままの強さで伝わるという"パスカルの原理"を考え出しました．これは前項の"油圧の原理"において説明したところですが，彼がその原理を，アカデミーで例の容器を用いて実験的（当時は実験的に証明しなければ，その理論

3. 流体とその力学

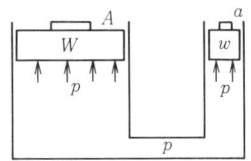

> ガリレイがとなえた『空気に重さがある』ことを水銀柱を高い場所で実験などして証明をしたんだ

真空

平地で76センチ
高い場所ほどひくくなる

水銀

図 3.10　パスカルの原理の図

を認めようとしない風潮がありました）に説明を行いましたが，シリンダを工作する技術がまだ世にないこともあって，なかなかうまくいかなかったというはなしです．実用化されたのは既述のように，モーズレー（H. Moudslay, 1771-1831）とブラマー（Bramah, 1748-1814）や，あるいはアームストロング（W. G. Armstrong, 1810-1900）らの出現まで1世紀半ほどまたなければなりませんでした．技術の発達には人類の総合力が必要なのでしょう．

4. 油空圧システムの構成機器

4.1 油空圧ポンプ・モータ

人間の重要な諸機能を発揮させる源として，心臓が挙げられますが，油空圧システムにおいてはこれが油圧ポンプであり，コンプレッサであるといえましょう．このポンプを少し注意深く定義しますと，「原動機より供給される機械的エネルギーを閉ざされたケーシング，あるいはシリンダ内でロータの回転，あるいはピストンの往復作用などにより，吸い込まれた流体に圧力のエネルギーとして変換付与する機器」ということになります．以上のポンプと逆の作用過程を経て，流体の圧力のエネルギーを与えられ，これを往復動や回転トルクなどの機械的エネルギーに変換する機器をアクチュエータといいます．

学術用語としては，前者は油圧油を主とする液体が作動流体であることから油圧ポンプあるいはモータといいますが，後者は作動流体が気体であることもあって，圧縮機となって，慣用されています．油圧ポンプ，モータを構造・作用上より分類しますと，図4.1のようになります．またそのポンプ，モータの標準的な性能は表4.1及び表4.2のように，その種類・形式により多様的な値が示されています．

油圧ポンプはアクチュエータ（流体の圧力のエネルギーを機械的

4. 油空圧システムの構成機器

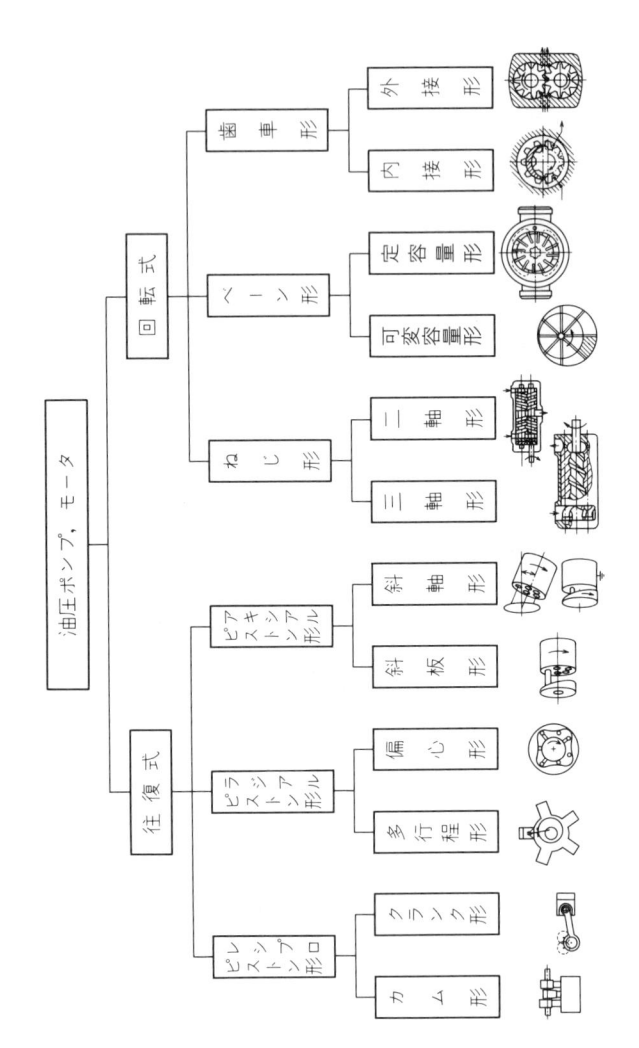

```
                                    ┌─ 外 接 形
                        ┌─ 歯 車 形 ─┤
                        │           └─ 内 接 形
                        │
                        │           ┌─ 定容量形
            ┌─ 回 転 式 ─┼─ ベ ー ン 形 ─┤
            │           │           └─ 可変容量形
            │           │
            │           │           ┌─ 二 軸 形
            │           └─ ね じ 形 ─┤
油圧ポンプ、モータ ─┤                   └─ 三 軸 形
            │
            │           ┌─ ピストンアキシアル形 ┬─ 斜 軸 形
            │           │                    └─ 斜 板 形
            │           │
            │           │                    ┌─ 偏 心 形
            └─ 往 復 式 ─┼─ ピストンラジアル形 ─┤
                        │                    └─ 多行程形
                        │
                        │                    ┌─ クランク形
                        └─ ピストンレシロ形 ──┤
                                             └─ カ ム 形
```

図4.1 油圧ポンプ、モータの分類

4.1 油空圧ポンプ・モータ

表 4.1 油圧ポンプの種類と性能表

形式	名称	分類		押しのけ容積 (cm³/rev)	最高圧力 (9.81×10⁻¹MPa)	最高回転数 (rpm)	最高効率 (%)	運転音と吐出し流れの脈動	耐久性、ごみに対する鋭敏性	吸込み性能
回転式（往復式に比較して構造簡単）	歯車ポンプ	外接形	固定側板形	1~500	10~175	900(大形)~4 000(小形)	70~85	インボリュート平歯車使用のものは小さい	過酷な運転に耐え、油中のごみの影響を受けることが少なく、歯の摩耗とともに効率が低下する	許容吸込み真空度が大きい
			可動側板形	1~500	80(大形)~210(小形)	~4 000(小形)	75~85			
		内接形		1~500	5~300	1 200(大形)~3 000(小形)	65~90	外接形より小さい		
	ベーンポンプ	平衡形	普通ベーン形	1~370	35~140	1 200(大形)~2 500(小形)	70~85	歯車形、往復式より小	ごみの影響を受けやすい、ベーンが摩耗して効率が低下しやすい	大きな吸込み真空度は許されない
			特殊ベーン形	10~350	140~210	1 200(大形)~3 000(小形)	80~90			
		非平衡形		10~230	70~140	1 200(大形)~1 800(小形)	60~70	平衡形よりやや大		
	ねじポンプ	二軸形		100~6 100	10~50	750~1 800	60~75	最も小さい	ごみの影響をあまり受けない	
		三軸形		3~20 000	10~140	1 200(大形)~6 500(小形)	75~83			
往復式（回転式に比し比較的高圧）	アキシアルピストンポンプ	斜軸式		10~1 000	210~400	750(大形)~3 600(小形)	88~95	歯車形(外接形)とほぼ同程度。高圧のものは運転音ややや大	ごみに対して最も鋭敏で、弁板などがごみによって損傷を受け効率が低下しやすい	許容吸込み真空度は小さい
		斜板式		4~500	210~400	~3 600(小形)	85~92			
		回転斜板式		5~300	140~560	1 000~5 000	85~90	斜軸式に比し運転音やや大		
	ラジアルピストンポンプ	回転シリンダ形		6~500	140~250		80~92	アキシアル形と同程度。ピストン本数の大きいものは脈動小	アキシアルピストン形と同程度。ただし弁板より軸は損傷を受けにくい	
	ラジアルピストンポンプ(偏心形)	固定シリンダ形		10~200	140~250	1 000~1 800(小形)				
	レシプロピストンポンプ	クランク形		1~80	300~500	1 000~1 800	85~95	シリンダ数の少ないものは脈動大	ごみの影響を受けやすい	
		カム形								

注）上表は、我が国で生産又は販売提携されている一般産業用油圧ポンプに対する平均的な値で、特殊な用途に対しては上表の範囲外のものもある。

（日本機械学会、機械図集「油圧機器」より）

表4.2 油圧モータの種類と性能表

形式	名称		分類	押しのけ容積 (cm³/rev)	最高圧力 (9.81×10⁻²MPa)	最高回転数 (rpm)	最高効率 (%)	起動トルク比* (%)
回転式	歯車モータ	外接形		10～500	90(大形)～140	1200(大形)～3000(小形)	65～85	70～85
		内接形	固定側板形	4～220	90(大形)～210	1800(大形)～3500(小形)	75～85	75～85
			可動側板形	10～1000	35～140	150(低速高トルク用)～5000(小形)	60～80	65～85
	ベーンモータ	平衡形	普通ベーン形	10～220	35～70	1200(大形)～2200(小形)	65～80	75～90
			特殊ベーン形	25～300	140～175	1800(大形)～3000(小形)	75～85	75～90
	アキシアルピストンモータ		斜軸式	10～900	210～400	1000(大形)～4000(小形)	88～95	85～95
			斜板式	10～250	210～400	2000(大形)～4000(小形)	85～92	85～95
	ラジアルピストンモータ	偏心式	回転シリンダ形	6～500	140～250	1000(大形)～1800(小形)	80～90	80～90
			固定シリンダ形 (低速高トルクモータ)	125～7000	140～250	70(大形)～400(小形)	85～92	80～90
往復式			多行程式	25～38100	175～250	18(大形)～750(小形)	85～92	95～100

*起動トルク比とは,運転トルクに対する起動トルクの割合である.
1) 上表は,我が国で生産又は販売提携されている油圧モータに対する平均的な性能である.
2) 運転音と脈動,耐久性及びごみに対する鋭敏性はポンプと同様のため,表4.1を参照のこと.
3) ねじモータは特殊な用途のみに使用されることが多く,性能を一般的な形で表示することが困難であるので,これを省略した.

(日本機械学会,機械図集「油圧機器」より)

なエネルギーに変換する機器の総称）の要求する油圧システムの圧力発生回路に適合するものであること，またシステムの中で最も長時間運転されるため，寿命，信頼性，経済性など多くの選定要素を考慮して決定する必要があります．

　空気圧システムの圧力源としての圧縮機は，一般産業機械などに多用されているものから適性により選定されているため，狭義の空気圧機器からは除外されています．圧縮機の吐出し量とその圧力との関係は，油圧ポンプの場合と異なり，その形式・構造によっておのずと良い効率を出しうる限界が理論的に決まります．往復ピストン形においては，1段で0.6～0.7 MPa，2段で1.2～1.4 MPaがその圧力範囲となります．したがって油圧システムに対して，空気圧システムは，その出力の比較的小さい軽作業に適し，いわゆる自動化機械ラインにおいて人力の代わりの産業用ロボットとして，広く利用されているゆえんと考えられます．

　空気圧システムの動力とその効率は，空気が圧縮性のある流体であるため，ポンプあるいはモータ作用時に設計構造上ほぼ，その入口，出口の圧力比によって，良好な効率の範囲が決まります．表4.3は圧縮機の各形式の圧力～空気量の適用範囲を示します．また図4.2に1～3段の往復圧縮機の圧力と効率の関係を示すように，気体の圧縮は油圧ポンプの場合のように単純にはまいりません．

（1）　歯車ポンプ・モータ

　歯車ポンプの原理はフランスのサアヴィエル（Serviere, fl. 1593）によって1593年ごろすでに考案されていましたが，長い間ほかの特殊ポンプと同様あまり使用されておりませんでした．それはほかの機械がそうであったように工作技術が追いつかなかったことと，その活用に至る技術的環境が整わなかったためと考えられます．しかし20世紀の後半期に入り，液圧技術から油圧技術への転

表 4.3 圧縮機の形式と性能

定格圧力 (MPa×10)	形　式	空気量 (l/min(ANR))	駆動動力 (kW)
10	1段往復式	20～10 000	0.2～75
15	2段往復式	50～10 000	0.7～75
7～8.5	油冷ねじ式	180～12 000	1.5～75
7～8.5	オイルフリー 1段往復式	20～ 8 000	0.2～75
9	オイルフリー 2段ねじ式	2 000～300 000	20～1 800
7	遠心式	10 000～	500～

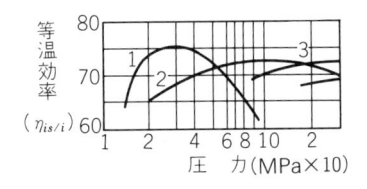

図 4.2 空気圧縮機の性能

換の気運に促されて，その圧力源用ポンプとして歯車ポンプが登場し，急速に発達しました．構造が簡単で信頼性が高く，運転保守が容易で比較的廉価であるので広く普及しています．図4.3は外接形であって，歯車の側面すきまをその吐出し圧力に応じて自動的に調整して，この部分からの内部漏れを防ぐように，常に背面に適当な面積に吐出し圧力を導くプレッシャローディング形の高圧用歯車ポンプ（可変側板形）を示します．また内接歯車を用いると，かみ合い部における歯面の滑り率が小さくケーシング内の圧力上昇過程が比較的ゆるやかであるなどの理由から振動騒音の点で優れた特性が

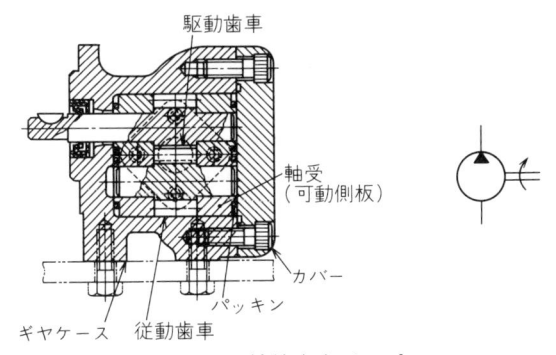

図 4.3 外接歯車ポンプ

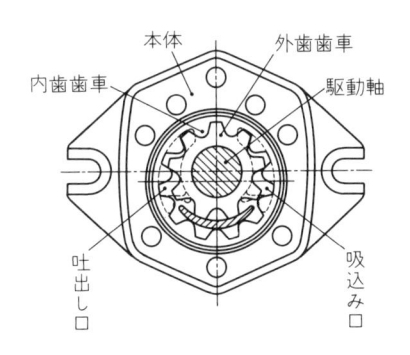

図 4.4 内接歯車ポンプ

認められています．しかし設計的に見て容量を大きくすることが困難なので，小形で廉価のあるいは小容量で高い圧力を出す特殊な目的のものに便利に用いられています．図 4.4 は内接歯車ポンプの歯のかみ合い部を見るためにケーシングのカバーを取り除いた図を示します．

歯車モータは構造がほとんどポンプと同じといえますが，正逆両

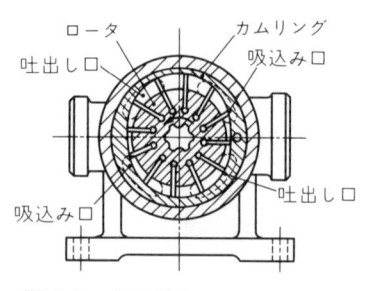

図4.5 定容量形ベーンポンプ

方向回転，起動時のトルク効率，低速回転特性の要求に応ずるため若干の工夫が施されています．なんといっても，先に述べたように構造簡単で安価であり，耐久性が大きいということは，実用的に大きな魅力なので多方面に用いられています．

（2） ベーンポンプ・モータ

ベーンポンプはイタリヤのラメリ（A. Ramelli, 1531-90）による，ロータリーポンプの数多くの機種のアイディアのなかにあるもののうち，ハーリー・ビッカース（H. F. Vickers, fl. 1925）が工夫開発し，実用的価値の高い定容量形ベーンポンプとし発表したものが現用されています．図4.5に JIS B 8351 "油圧用ベーンポンプ" に制定された標準形の定容量形ベーンポンプの概念図と主要部品名を示しましょう．ベーンはロータに切り込んだ溝のなかで滑動し，その先端がカムリングの内側に強く接触するように，その他端に吐出し圧力を導き入れて密着しつつ回転します．軸はロータと同心ですから，軸を回転させればベーンとカムリングとロータとによって囲まれた部分の空間は，だ円形のカムリングの形状に従って，変化する容積変化によってポンプ作用を行います．

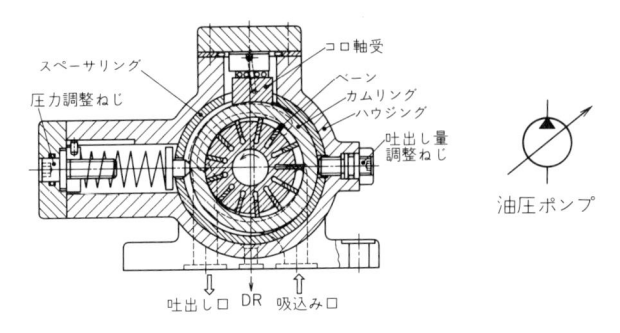

図 4.6　可変容量形ベーンポンプ

　可変容量形ベーンポンプは，ロータに対するリングの偏心量を可変にすることによって，吐出し量を変化させる方式のベーン形ポンプです．したがって，当然，ロータには吐出し圧力に応じた油圧力が付加される圧力不平衡形となり，主軸のベアリングには設計的に負担がどうしてもかかります．図 4.6 は可変容量形ベーンポンプの断面図です．

　なお，ベーンモータについては，歯車モータの場合と同様にほぼ似たような配慮でよいのですが，ベーンをカムリングに圧着させる機構的な工夫のなされているものなど，いろいろの考案が施されている機種や形式のものが実用化されています．

(3) アキシアルピストンポンプ及びモータ

　ピストンが駆動軸とほぼ平行に，その軸心を中心とする円周上に配列されたシリンダブロックに挿入されていて，その傾き角あるいは斜板などの機構によって往復運動することによって，ポンプあるいはモータ作用が行われるもので，前者を斜軸式，後者を斜板式として二つに大別されます．

　この形式に属するポンプは，使用される装備機械の要求に適した

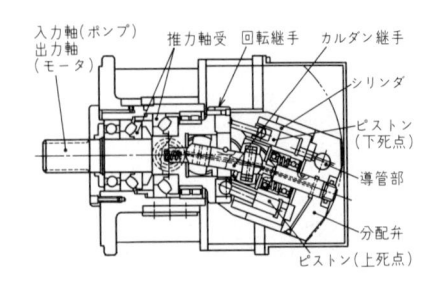

図 4.7 斜軸式アキシアルピストンポンプ

様式に特別の工夫がなされつつ製品化した機種が多く，したがってその種類が多く，その選定には十分意を用いる必要があります．一般的には高圧用に適し，効率が比較的高く，信頼性もありますが，価格が比較的高いので，その適合性を十分考えて使用すべきと考えられています．

斜軸式アキシアルピストンポンプはコネクティングロッドによりシリンダブロックに回転を伝えるものと，自在継手などによって同期回転を与えるものとがあります．図 4.7 は可変容量形の典型的なポンプの構造を示す例です．

斜板式は図 4.8 に示すように斜板が固定のものと，反対にシリンダブロックが固定し，斜板が回転するものとがあります．この形式のものは，コネクティングロッドや自在継手などの機構を必要としませんので，それだけ部品数も少なくなるなど，優れた構造的な特徴があります．またこれらの形式では吐出し側，吸込み側流路の切換えの弁作用は，シリンダブロックの他端に密接して設けられる弁板の吸込み，吐出しを区分してあけられたポートによって行われています．このような斜板式の特徴は，構造上プランジャに作用するシリンダ側壁への横力が小さく，かつ可変容積制御機構の操作モー

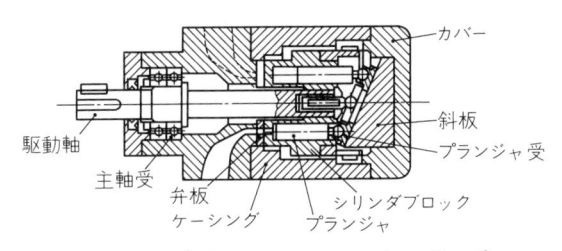

図 4.8　斜板式アキシアルピストンポンプ

メントが比較的小さいことにあります．

（4）空気圧モータ

空気圧モータは油圧の場合と同様歯車形，ベーン形そしてロータリーピストン形などとして，作動原理，構造・機能によって分類されます．また回転角度が限定される揺動形空気圧モータは，ベーン形あるいは，ラックやピニオンなどの機械的機構を付加したピストン形など，いろいろ工夫されたものが広く使用されています．

空気圧モータの特徴は負荷の大きさが急激に増大しても故障を誘発されることなく減速し，また負荷が減少すると再び回転速度が増加するなど，自由度のある特性が評価されています．しかし定量的な速度制御は困難であることは欠点ともいえるので，その利用に当たってはよくその特性を理解する必要があります．また一般に空気圧モータは回転速度が高いところで良い効率を発生しますので，減速機を組み込んだものもありますが，最近ではロータリーラジアルピストン形空気圧モータの低回転速度用の直接出力形も開発されています．

図 4.9 は歯車形モータで，小形のものでは 3 000 rpm，大形では 1 000 rpm 程度の高速回転をし，比較的大きい出力のものでは数十 kW のものまであります．しかしこの形式は膨張割合が一定のた

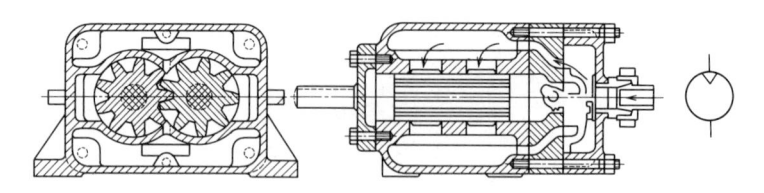

図 4.9 歯車モータ（空気圧用）

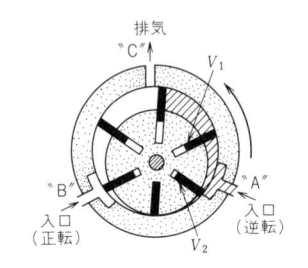

図 4.10 不平衡形ベーンモータ
（空気圧用）

め，起動トルクは比較的小さく，一般には逆転ができないなどの欠点があります．

図 4.10 は不平衡形ベーンポンプを逆に作用させるような形式で，高速回転に適し，普通 1 500～3 000 rpm で空気消費量は約 40～45 m³/h・kW です．この形式のモータの作動は，空気圧が給気口からロータとベーンとケーシングとによりできる作用室に流入し，ロータの偏心によって生じる前後のベーン部の受圧面積差に対応した回転トルクが発生し，ロータに回転力を与えます．ベーン形モータは歯車形と異なり，ロータは一つでよく，小形，軽量のわりには出力が大きく，小形工具用などの小形のものから鉱山機械の原動機用など，比較的大形機用としても利用されています．

小形のシリンダを多数並列あるいは星形に配列し,クランクによってピストン力を回転力に変える構造のピストン形モータはその原形です.比較的小形のものでは,偏心カムによる,いわゆるロータリーピストン形のものは,出力のわりには形を小さくすることができます.また弁装置も特殊な工夫をし,締切率も50%ぐらいまで縮められることもあって,空気消費量も比較的少なくすることができます.

一般に揺動形モータの流体的特性については,油圧形とほぼ同様に考えることができますが,特に各シール部分は空気の粘性が小さいので精度が高く要求されます.しかし小形,小出力でその機構的機能を主として考える場合には有効であるので,各種の構造のものが用いられています.

4.2 油空圧アクチュエータ

油空圧システムの目的とする機械的エネルギーとしての出力部を担当する機器としてのアクチュエータは,最も重要な要素機器です.その出力変位が直線形の場合,これを往復動形アクチュエータあるいは,油空圧シリンダといい,回転角変位である場合を回転形アクチュエータ,すなわち前出の油空圧モータとして分類されています.モータのうち,回転角を制限して,たとえば270°又は180°などの角度範囲内で往復揺動するものを,特に揺動形アクチュエータと称することはすでに述べたところです.

アクチュエータは制御弁により,圧力並びに流量の制御を行うことによって,出力軸の速度の無段変速,負荷に応じる力,またその方向の自由な変換が行えるほか,自由な位置に設置あるいはその個数を任意に選定できるなど,システム設計上極めて多くの利点が考

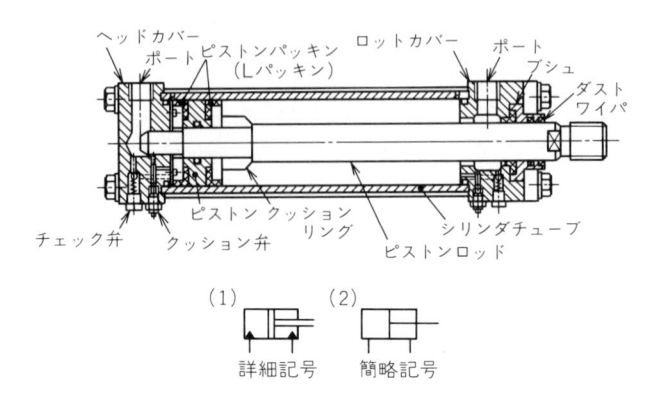

図4.11 タイロッド形油圧シリンダ

えられます．

油圧シリンダは定格圧力 3.5〜21 MPa，シリンダ内径 31.5〜250 mm の鋼管シリンダ形のものが JIS B 8354（油圧シリンダ）に，また空気圧シリンダについては，1 MPa 用のものが JIS B 8377（空気圧シリンダ）にそれぞれ規定されています．このようにアクチュエータは，ポンプが構造，性能が多様で規格化しにくいのに比して，ちょうどボールベアリングなどの一般機械用の要素部品のように，その性能，取付寸法などの規格化が強く要望されることも当然のことと考えられます．

（1） 油空圧シリンダ

図 4.11 はタイロッド形油圧シリンダの構造並びに各部の名称を示します．この形式のシリンダは最も一般的なもので，シリンダチューブを両側のカバーでおおい，これを4本のタイロッドによって締結しているので，設計的に多くの利点があるのみならず，分解組立てが容易であるなどのため広く使用されています．同図のような

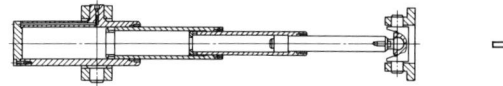

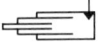

図 4.12 多段形シリンダ

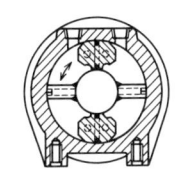

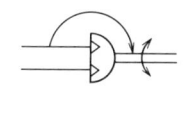

図 4.13 ベーン形揺動モータ

片ロッド形が最も普通ですが,往復とも同一受圧面積として,速度とその出力を等しくしたり,ストローク途中で停止させる必要のある場合には両ロッド形が用いられます.また一般にストロークエンドにおけるショックを伴った停止を防ぐために,必要に応じて流体的な作用を活用した,クッション機構が設けられたものも用いられています.

図 4.12 は多段形シリンダであって,比較的長いストロークを必要としたり,そのわりにシリンダの収縮時の長さを短くしたい場合,あるいは起動時に大きい力を要し,ストロークが進むにつれてだんだん必要な力が減少するパターンの負荷に対して,この形式のシリンダが利用されます.

(2) **油空圧用揺動モータ**

すでに空気圧モータの項でも述べたように,揺動モータは構造的に簡単なベーン形,歯車やヘリカルスプライン機構を内蔵したピストン形に大別されます.用途は制御弁の開閉や扉の駆動などに用いられています.図 4.13 はベーン形であって,シングルベーン形の

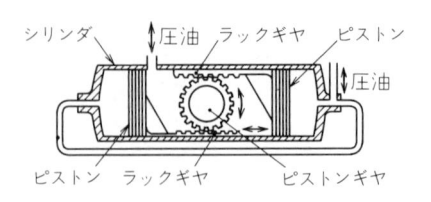

図4.14 ピストン形揺動モータ

ものは280°, デュアルベーン形のものは約100°の回転角が得られます. 図4.14はピストン形の揺動モータの例ですが, これはピストンのシールに問題がなく, かつ回転角も設計的に360°以上とすることも可能となります.

4.3 油空圧制御弁

油空圧回路系において, ①そのアクチュエータへの供給圧力を調整して, 所定の出力を発生させる圧力制御弁, ②ポンプからの圧力流体の流量を制御することにより, アクチュエータの作動速度を制御する流量制御弁, そして③流れの方向を制御して, その運動方向を変える方向制御弁, など3つに大別されます. 制御弁は, 最も重要な機能的構成要素機器です. 油空圧システムのプロセスの制御をつかさどる制御弁は, さらに使用目的, 方法などによって, 種々の機能, 構造, 作用上の特徴を有する多くのものに細分類されます. 図4.15は主として機能上から分類されたものです.

油圧制御弁は普通21 MPaのものが用いられていますが, 高圧用として35 MPaのものも開発されています. また空気圧制御弁は, 通常, 回路系の圧力が操作性, 動力効率などの点から0.7 MPa以下の場合が多いのですが, JIS B 8377の空気圧用複動シリンダの

4.3 油空圧制御弁

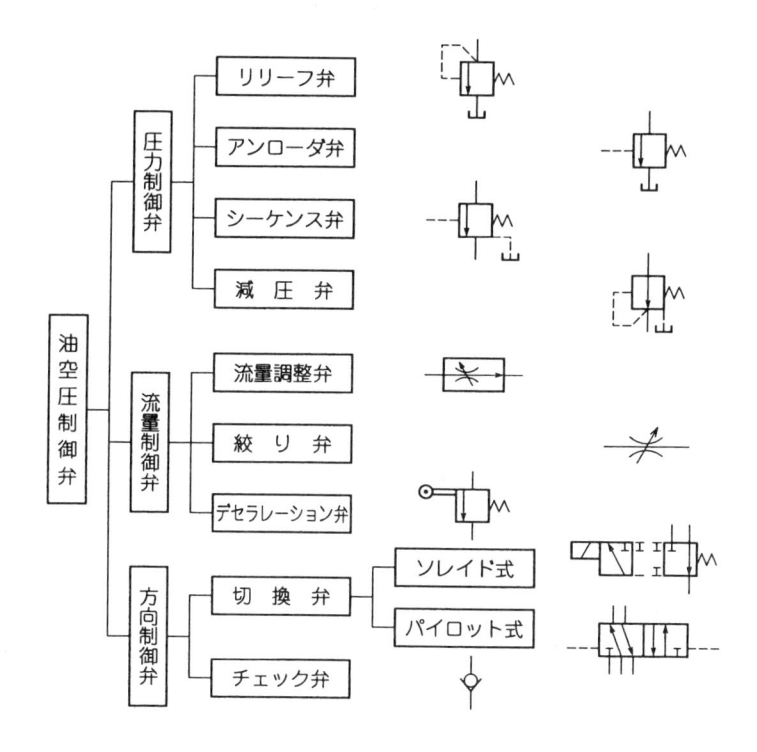

図 4.15 各種制御弁と図記号

例に見られるように,規格としては 1 MPa とされています.

(1) 圧力制御弁

図 4.16 はパイロット作動形リリーフ弁の機能を説明するための構造図と図記号です.圧力の設定は小容量のパイロット弁でスプリングの力を利用して行います.バランスピストン両側の油圧作用面はほぼ等しく作られていますので,パイロット弁が開口して油が流れない限り,バランスピストンはスプリングでシートに押しつけら

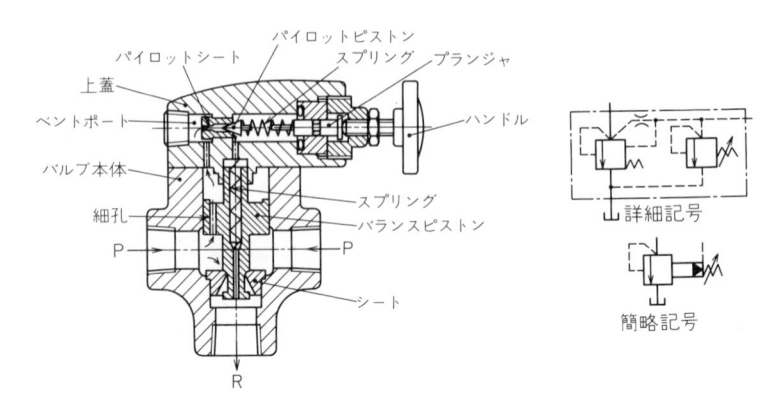

図 4.16 パイロット作動形リリーフ弁

れて流れはありません．回路内の圧力 P が上昇し，パイロットスプリングの設定力より大きくなりますと，パイロットシート部から油は流れ始めます．このときバランスピストン両側の作用面にはたらく油圧は，上側が細孔を油が流れることによる圧力損失分だけ低くなりますので，バランスピストン上下の油圧平衡がくずれて，上方に押し上げられて油は R ポートからタンクへ逃げます．またこの弁はベントポート回路を接続し，これを必要に応じ開放にしますと，パイロット弁の設定圧力に関係なく，バランスピストンは前の場合と同様上方に押し上げられて，回路圧力 P は無負荷状態になって，全流量がタンクへ逃げます．

図 4.17 は典型的な内部パイロット方式のシーケンス弁の構造を示します．スプールはスプリングの力により下方へ押しつけられ，二次側への油路は閉じられていますが，二次側の回路の圧力が所定の圧力より上昇して，スプリングの力より大きくなりますと，スプールは一気に上方に押し上げられて一次側と二次側は連絡されて，

4.3 油空圧制御弁

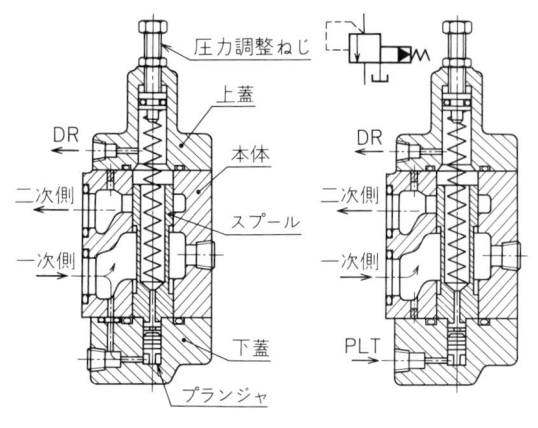

(a) 内部パイロット方式　　(b) 外部パイロット方式

図 4.17 内部パイロット形シーケンス弁

　油は二次側へ流れます．このプランジャにかかる圧力を同図(b)のように別回路からとりますと，一次側圧力には関係なく作動することになります．前者は内部パイロット方式，後者は外部パイロット方式のそれぞれシーケンス弁として，油空圧システムのシーケンス制御系の主役を演ずることになります．

　アンロード弁は普通，高圧小容量・低圧大容量のダブルポンプ系回路に用いられるもので，概念的にはシーケンス弁の二次側をタンクへ開放するものということができます．アンロード弁は通常，アクチュエータの低負荷時の高速度作動用の低圧ポンプの高負荷時のアンロードによる動力節減と油温の上昇を防ぐために使用されます．これらの常時閉形のシーケンス弁，アンロード弁などは基本構造がほとんど同じなので普通，弁内部の油路の接続を変えるだけで，それぞれ異なった機能をもたせることができます．

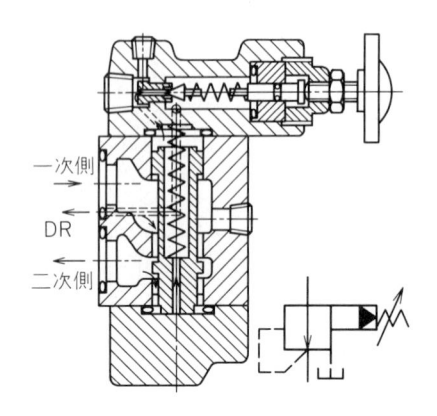

図 4.18 パイロット作動形減圧弁

　圧力制御弁にはもう一つ油圧回路の主役となる減圧弁があります．減圧弁は回路の一部で，リリーフ弁の設定圧力より低い圧力を必要とする場合に利用されます．図 4.18 はパイロット作動形減圧弁で，作動原理はパイロット作動形リリーフ弁とほぼ同じですが，スプールが二次側圧力によって制御されることと，常時開形であることが特徴です．

　工作機械などのテーブル送りのように，質量の大きなものの往復作動の切換時のショックを吸収する弁としてデセラレーション弁があります．常時開と閉との両タイプがあり，通常は図 4.19 のようにチェック弁を内蔵し，逆方向流れを自由とし，ニードル弁にて最小制御流れを調整しうる，常時開形のデセラレーション弁を示します．この場合カムのストローク調整によって，制御範囲を限定する方式と弁内のスプールを包むスリーブを旋回させて，その部にあるオリフィスを適当に絞ることによって，その効果を調整する工夫がなされています．

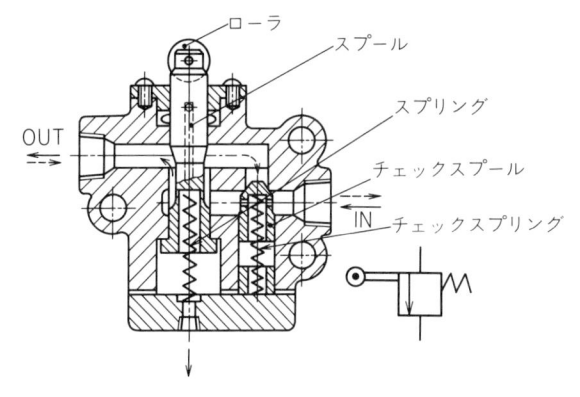

図 4.19 デセラレーション弁

（2） 流量制御弁

図 4.20 はシリーズ形流量調整弁の機能を説明するための構造図です．この弁は回路の負荷や圧力源の変動により，弁の一次側や二次側に圧力変動があっても，流量を常に設定された値に保たせるシステムの要求にこたえるために用いられる圧力補償付流量調整弁です．圧力補償機構は絞り部（一般には絞り弁の先端に可変用ハンドルが取り付けられていて設定流量が可変となっている）の前後の圧力差を常に一定に保つようにスプールが移動して，その通過流量を結果として一定に保持するように機能します．この場合，絞り部のオリフィスの特性が油の粘度，すなわち油温に影響されるため，この補償を工夫したものも製品化されています．

一般の絞り弁はオリフィス部のような絞り部で，油の流路面積を任意に可変ハンドルにより設定する流量制御弁の基本的な弁といえましょう．しかしこの場合，構造は簡単，操作が容易，調整範囲が広いなどの利点がありますが，一次圧力，二次圧力の圧力差が変わ

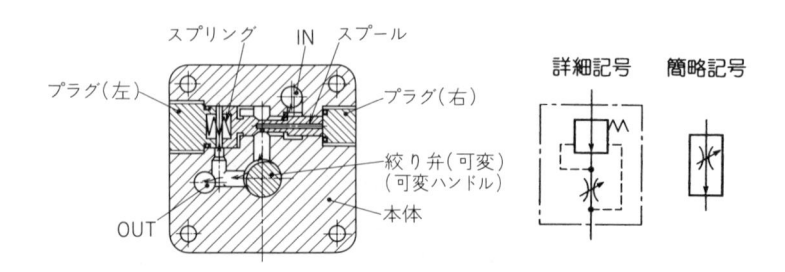

図 4.20 圧力補償付流量調整弁

ることによって，設定流量が変化しますので，比較的負荷変動の少ないところか，あまり精度を必要としないところに使用します．

(3) **方向制御弁**

方向制御弁は，アクチュエータの発進，停止，油流を一方向にのみ自由流れを許し逆流を防止するなどの目的で，回路の開閉や流れの方向を制御する弁を総称したものです．機能上から切換弁，逆止め弁などに分けられます．空気圧用として，このほか3方逆止め弁ともいわれるシャトル弁や急速排気弁を挙げることができます．

(a) **切換弁のポート及び位置の数** 弁に接続される配管の接続口の数と弁の切り換わる数は切換弁の機能の表示と分類の基本となります．2ポート弁は油路の断続を行う場合，3ポート弁は2方向のみの切換えを行う場合に使用します．4ポート弁はアクチュエータの前進，後退及び停止などの目的に使用される一般的な弁です．このほか，特殊な目的のために作られた多ポート弁もあります．

切換位置の数は普通2位置と3位置が多く使用されます．特に3位置の場合は中央の切換位置では，弁の入口，出口各二つのポート間で，弁内において各種の通路の中から二つのパターンの選択を行うことができます．そのポートの接続の組合せによって，アクチュ

4.3 油空圧制御弁

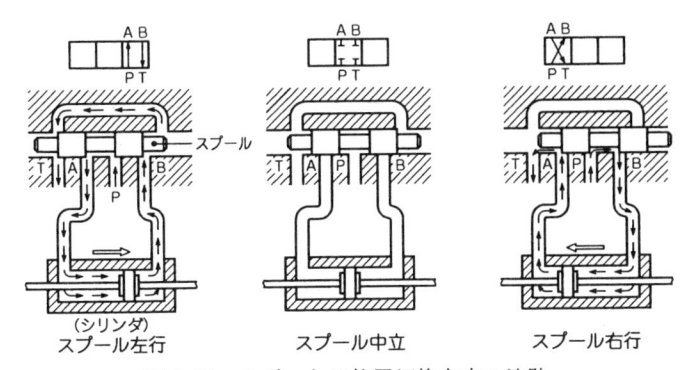

図4.21 4ポート3位置切換弁内の流路

名　称	記号表示	機　　　　能
オールポート ブロック (クローズド センタ)		・中立位置にてポートはすべて閉じ油の流れはない. ・2位置の弁に用いるとクロスオーバにてサージを発生する.
オールポート オープン (オープン センタ)		・中立位置にてすべてのポートは通じる. ・中立位置にてポンプをアンロードし，シリンダをフローティングにするとき用いる.
プレッシャ ポート ブロック		・中立位置にてポンプポートのみ閉，シリンダポートを開放とし，フローティングにする場合に用いる.
シリンダ ポート ブロック		・中立位置にて1個のシリンダポートのみ閉，その他のポートは開. ・中立位置にてポンプをアンロードし，シリンダポートの一方で負荷をロックする場合に用いる.
センタ バイパス		・中立位置にてシリンダポートは閉となりポンプはアンロードされる. ・中立位置にて直列に連結し，交互に使用することもできる.

図4.22 切換弁の中央位置の二，三のパターン

エータの運動を正，逆あるいは停止などの切換えを行うことができます．図4.21にその典型的な4ポート3位置弁の切換流路の例を，シリンダへの油の流れとともに示します．また図4.22は切換弁の

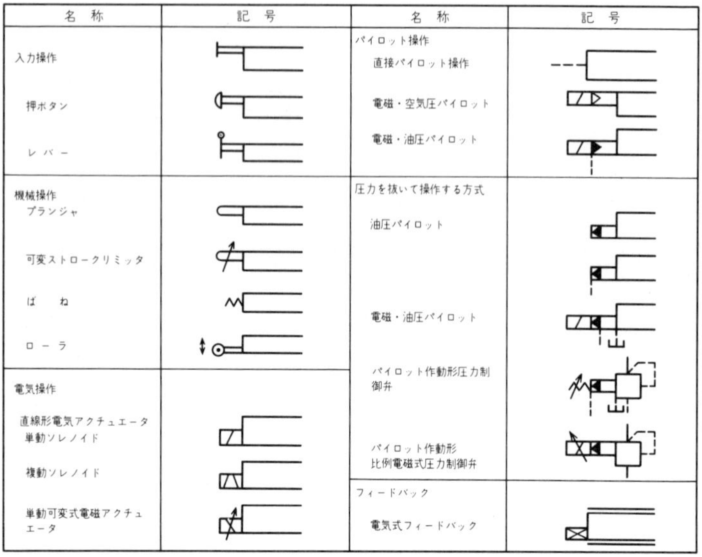

名称	記号	名称	記号
入力操作		パイロット操作 直接パイロット操作	
押ボタン		電磁・空気圧パイロット	
レバー		電磁・油圧パイロット	
機械操作 プランジャ		圧力を抜いて操作する方式 油圧パイロット	
可変ストロークリミッタ			
ばね		電磁・油圧パイロット	
ローラ			
電気操作		パイロット作動形圧力制御弁	
直線形電気アクチュエータ 単動ソレノイド			
複動ソレノイド		パイロット作動形 比例電磁式圧力制御弁	
単動可変式電磁アクチュエータ		フィードバック 電気式フィードバック	

図 4.23 弁操作方式のいろいろ

中央位置の二,三のパターンとアクチュエータとの関係についての例です.

（**b**）　**切換弁の操作方式**　切換弁の操作は,押ボタン,レバー,ペダルなどによって代表される人力操作,またプランジャ,ばね,ローラなどによる機械操作,あるいはソレノイドを用いた電気操作,さらに,油圧あるいは空気圧を加えて操作する各種の直接又は間接パイロット操作方式が用いられます.図 4.23 に JIS 図記号から抜粋した二,三の典型的な操作方式を示します.図 4.24 は直接パイロット操作の切換弁の概念図です.図において P ポートより A ポートへそして B ポートからスプールの中心部を通って R ポー

4.3 油空圧制御弁

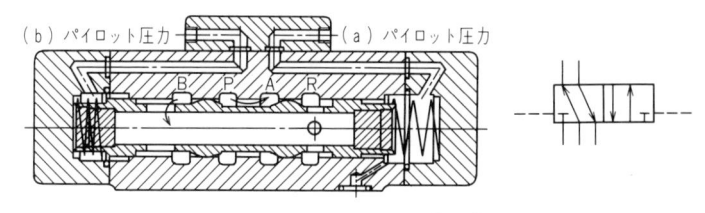

(b)パイロット圧力　　(a)パイロット圧力

図 4.24 直接パイロット操作切換弁

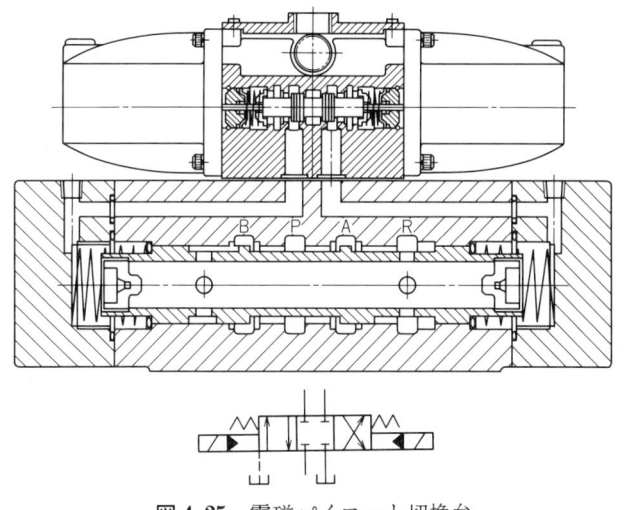

図 4.25 電磁パイロット切換弁

トへの油流が生じていて，図記号では右の位置，すなわちパイロット(a)が作用した状態となっています．容量の大きな切換弁になると電磁力のみでは切換操作力が不足してきます．このため図4.25のように，電磁切換弁をもって，主弁の油圧パイロットの操作力を制御する電磁パイロット切換弁が広く用いられています．

(a) インラインチェック弁

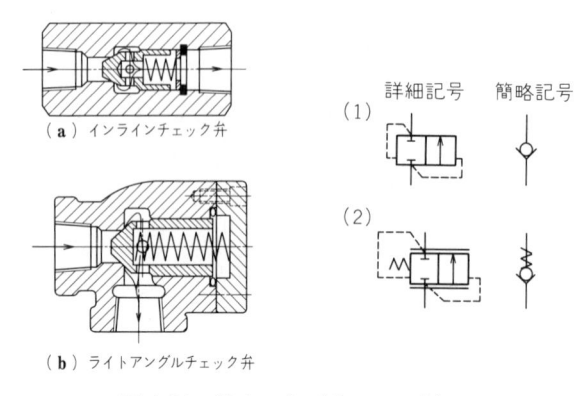

(b) ライトアングルチェック弁

図 4.26 逆止め弁（チェック弁）

(1) 詳細記号　簡略記号
(2)

(c) **逆止め弁**（チェック弁）　流体の流れにより生じる流体力と，ばね力とによって生じるクラッキング圧力によって，一方向流れのみを許し，逆の方向の流れを完全に阻止する直動形逆止め弁には，アングル形とインライン形とがあります．前者はエルボの役を果たすとともに，クッション効果も若干期待できます．またこれにパイロット操作を付加して，必要に応じてロック機能を解除できるようにしたパイロット操作逆止め弁もあります．図 4.26 に示すように簡単な構造ですが，油空圧回路には重要な役目を果たすためによく用いられるほか，シーケンス弁や流量調整弁などに一体的に組み込んで，機能と回路の合理化を図った複合弁としても利用されています．図 4.27 は逆止め弁付流量調整弁とその詳細記号と簡略記号を示します．

(4) 空気圧制御弁

空気圧制御弁は機能や特性などにおいて油圧制御弁と同様なものと理解することができます．しかし油圧システムにおいては，油圧

4.3 油空圧制御弁

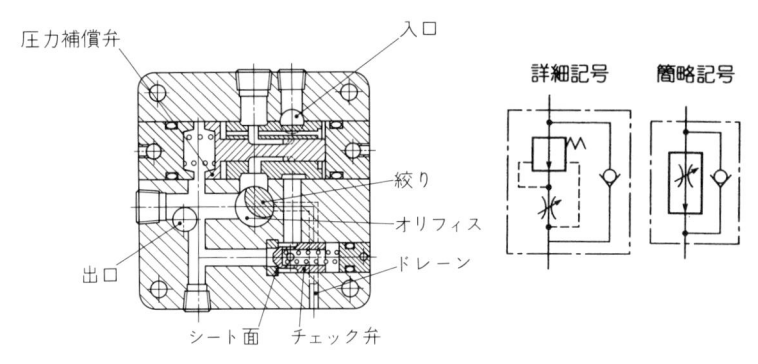

図4.27 逆止め弁付流量調整弁

ポンプをその根幹として挙げられるのに対して，空気圧システムにおいては，圧縮機システムの圧力源は既存のものとし，その計画や操作に当たって，アクチュエータと並んでこの制御弁を主役として挙げることができます．しかも非圧縮性流体として扱える油圧に対して，圧縮性流体である圧縮空気を取り扱うシステムの空気圧では，特別な設計的配慮を必要とする場合があります．本項では，特にその点に留意して二，三の補足をすることとしましょう．

また，可動部分をもたず，流体の流れによって生じる現象を利用した，論理回路や制御操作用に使用される純流体素子も一部に用いられています．またこれらと同じような利用面を有し，構造的には普通の方向制御弁のような可動部分のある，主として信号処理の機能を重視した流体素子も独自に発達し，その利用は一部に注目されてきています．これらの流体素子の周辺機器として，インタフェース弁，表示器，センサなどがあります．これらの論理信号系機器による制御回路とパワー系としての空気圧システムとの結合も盛んに行われています．

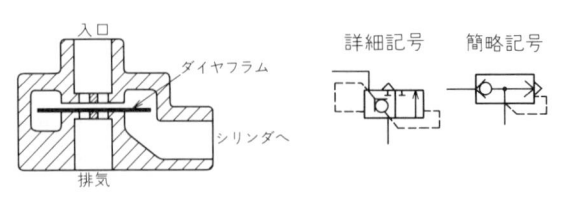

図 4.28 急速排気弁

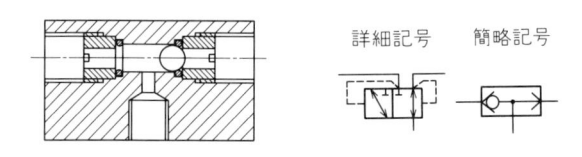

図 4.29 3方チェック弁（シャトル弁）

図 4.28 は急速排気弁であって、空気圧シリンダや圧力容器内の空気を短時間に排気する必要があるときにシリンダと切換弁との間に設置します。これはシリンダが排気行程に切り換えられると、方向制御弁側が圧力が下がりますので、弁体はばねの力で押し上げられてポートを閉じ、シリンダからの排気は直接排気口から大気中に放出されます。

図 4.29 はシャトル弁ともいわれ、一つの出口と二つの入口とを有する弁であって、弁体は圧力差によって、一方の入口を閉じるので、出口は常に高圧側の入口と接続されます。これは歴史上よくあった弱い国の外交姿勢を思いおこすような、おもしろい一種の方向制御弁です。

最後に空気圧用の速度制御弁についておはなしすることにします。アクチュエータの作動速度を調整したり、負荷に対する適切な作動のために用いられます。普通, 図 4.30 のように逆止め弁を複合

4.3 油空圧制御弁

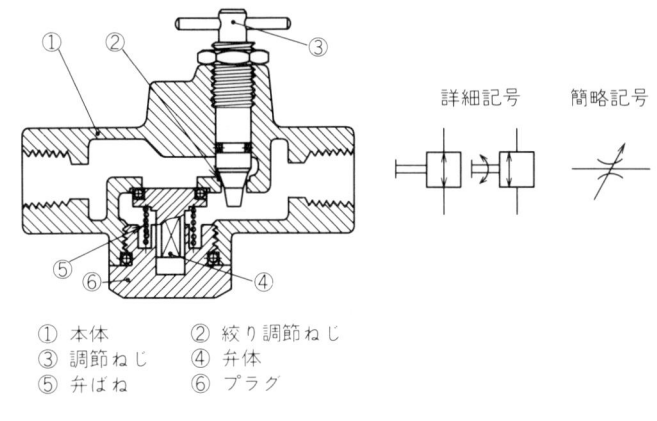

① 本体 ② 絞り調節ねじ
③ 調節ねじ ④ 弁体
⑤ 弁ばね ⑥ プラグ

図 4.30 速度制御弁（スピードコントローラ）

して，回路の合理化が行われます．使用目的が速度の制御に用いられるという意味で，通常スピードコントローラと俗称されています．一般に絞り部のポート面積が小さいため，自由流れのときにチェック弁が自由流れとなると同時に，制御流れにおいてもチェック弁の閉止位置を調節して，一部流体を流す工夫をしたものも用いられています．

5. 油圧・空気圧システムのはたらき

5.1 油空圧制御のしくみ

　私達の会話や文章が的格にその目的を達成させるには，豊富な語らいと巧みなその配列が肝要であるように，油空圧制御の場合にはまず第一に多くの要素機器の機能と特性の把握とその組合せ技術にすべてがかかっています．つまり一つの作動目的に対して，機器の種類，特性その配列など，その可能な組合せの数は多く，多様性が十分考えられましょう．そのなかから最も合理的な機器の結合，すなわち，その最適制御回路を導き出せたとすれば，それはエンジニヤの醍醐味ということになりましょう．

　さて，その制御回路もよく分析して考えてみると，油圧源の安定，的格なアクチュエータの作動順序，過負荷防止の安全対策等々の基本回路の有機的なシステム的結合であることに思い当たります．前章で，ポンプ，アクチュエータそして制御弁などの主要機器についての概要を説明しましたので，これを頭に置きながら，基本となる個々の油空圧のはたらきについて考えてみることにしましょう．

5.2 油空圧回路

(1) 要求機能の解明

"己れを知り,敵を知れば百戦して危ふからず"とは孫子の兵法ならずとも,まず要求される機能と装置される機械の性格を見極めなければなりません.特に負荷の種類とその性格は最も重要なこととなります.負荷には正負荷,負負荷,慣性,粘性,ばねそして摩擦負荷などがあります.特に負負荷のように,ピストンの動く方向と負荷の方向が同じ場合には,特別な配慮が必要となる場合があります.慣生負荷のあるときは,ピストンを急に停止させますと,その慣性力の大きな減加速度によりシリンダ内に衝撃的なサージ圧の発生が起きます.そして粘性負荷の場合にはピストン速度に比例し

た大きさの力を生じ,ばね負荷の場合はその変位に比例した大きさの力の発生を予測しなければなりません.

次に負荷の時間経過のパターンや要求される精度などが考えられます.ポンプに対して,流量・圧力・回転速度・動力などの間で,どのような運転状態が望ましいか.負荷の作動のサイクルタイム,その変位,その速さなど多岐にわたる要求事項を検討しなければなりません.また工作機械システムなどではテーブルの位置決めの精度などは,重要な設計ポイントとなるでしょう.

(2) 油圧回路圧力とポンプの選定

油圧装置の計画において,その回路の最高使用圧力の選定は,まずその流量——管路,シリンダ,制御弁の大きさ,ひいてはその装置の大きさにも直接関係します——との関連においても基本的な重要さがあります.一般に7MPa以下であると,歯車ポンプ,ベーンポンプなど比較的価格の低いポンプや要素機器が利用でき,各部の剛性や保守その他の点で汎用性が大きい利点があります.しかし駆動力が大きく,高速,小形軽量化が第一義となったり,小形軽量,小空間,小容積が必要条件ともなりますと,ピストンポンプの適性が考慮されることになりましょう.

またポンプを定容量形とするか可変容量形を採用するかは,回路構成,駆動源の性質,運転効率などそのかかわりを十分考慮して決めなければなりません.これは回路のおはなしのなかに再び出てくる問題と思いますが,大容量低圧力+小容量高圧力用の複合ポンプの組合せ方式の問題などは,味わいのあるエンジニヤリング的問題であるといえましょう.さらに,高圧,大流量時のサイクルタイムにおける維持時間の割合などは,アキュムレータ(蓄圧器)によるエネルギー蓄積により,ポンプ動力の軽減化など工夫の余地のある問題も発生することがあります.要はあまり何かにこだわらず,つ

まり水平思考的に心にいろいろのアイディアを練る余裕をもつことが必要かと思います．

（3） 空気圧回路の構成

空気圧回路の基本構成要素は，①空気圧縮機から供給される圧縮空気を蓄積する空気タンク，ごみや水分を分離して清浄な空気とする空気圧フィルタ，必要に応じてその圧縮空気に油霧の状態にして潤滑油を供給するルブリケータなどよりなる空気圧調整ユニットからなるいわゆる圧力源ユニットと，②機能面をつかさどる制御弁類による制御部並びに③アクチュエータの操作回路などからなっています．

空気圧回路方式の決定は，油圧の場合と同様にその負荷サイクルの解析を行い，サイクルタイムの設定，切換弁や速度制御弁の操作方式や設置位置，圧力源とアクチュエータの出力との関係などを検討して，その条件を満たす基本回路図の作成をまず行うことになります．さらに，回路中に安全対策のインタロック，緊急停止，電源の急しゃ断時の対策などからの追補を検討する必要もあります．

（4） 油空圧図記号について

油空圧回路を書き表し，設計者が相手に意志を伝達する手段として，図記号が重要な役割をもっています．従来回路図には，断面回路図，絵式回路図，記号回路図などが用いられていました．作図が容易であって，機器の機能と操作の方式，外部接続口の表示が明りょうに示される利点があり，かつ油空圧システムの高度化，複雑化の理由も重なって，国際的には ISO 1219 が，国内的にはこれと整合性を備える JIS B 0125（油圧及び空気圧図記号）が制定され，広く用いられています．

これらの規格統一については，歴史的に多くの曲折があってのことなので，以下その間のストーリを少しおはなしすることにいたし

ましょう．

　第二次世界大戦後，我が国の産業界は米国の協力で立ち上がるきざしを見ました．その資料のなかに米国の JIC（Joint Industry Conference）が初めて紹介され，学習が始まりました．その後これが何度かの改正を経て，ASA（American Standard Association）の規格となりました．我が国もこれに近い概念に沿って，1967 年に JIS B 0125 として初めて制定されております．その後 ISO/TC 131（International Organization for Standardization/Technical Committee 131）が開設された結果，国際規格として ISO 1219/1 が発表されるに至っています．このため我が国では，これらを参考にして，その整合性を図るとともに JIS 独自の規格運用実状も考慮して，1984 年に，そしてさらに，2001 年に改正されて今日に至っています．そして JIS B 0125-1 は国内はもちろん，国際的にも通用する「油圧・空気圧システム及び機器―図記号及び回路図―」となって完成されています．このように述べますと，それまでなのですが，私達のような油空圧に関与し続けてきましたエンジニヤ達は，国内そして国際化へのアプローチと，規格内容の変化に振りまわされ続けてきたわけですが，いまでは歴史として，思い出のなかに昇華していることでしょう．

　前項までに主要機器の図記号については，その都度機器の構造図などに付記し，一部解説も加えたつもりですが，これですべてではないので，後述の回路図を活用しておはなしを進める際に，注意してできるだけ新しい記号には説明を加えるようにしましょう．

5.3　油圧基本回路のいろいろ

　油圧回路はその装備される主体となる諸装置や機械の性質や特徴

が強調されるので，その種類は多く，多岐にわたり，一見複雑に見える回路となるのが普通です．しかしそれも分析してみると，幾つかの典型的な基本回路の組合せであることに思い当たります．それらの回路は圧力，速度そして方向の3制御回路を主体とし，油圧モータ，電気油圧，油圧空気圧，サーボなどの各回路系に分類することができます．またシステムにおける現象的な面の対策を強調した意味ともいえるショック吸収回路，対熱発生，安全化，フィルタ回路などが付加されるにすぎません．以下，典型的な基本回路例を示し，その目的や特徴について解説することとしましょう．

（1） 圧力制御回路

油圧システムを最も特徴づけるものとして，第一に調圧回路を挙げることができます．主として，リリーフ弁などによって，回路圧力をあらかじめ設定された値に調整する目的の回路です．その利用

5.3 油圧基本回路のいろいろ

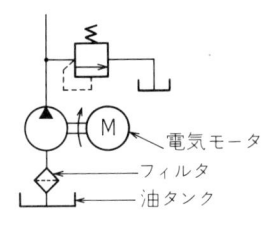

図 5.1 油圧源ユニット（リリーフ弁による最大圧力制限）

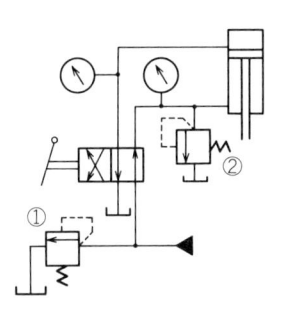

図 5.2 油圧源ユニット（2 個のリリーフ弁による 2 種類の圧力制限）

度は最も多く，いずれの油圧システムにも必ず含まれているといっても過言ではありません．

　図 5.1 はポンプ出口端直後にリリーフ弁を取り付けて，その最大圧力制限を行い定容量形ポンプの過負荷を防止し，安全化に寄与します．図のようにタンク，タンクフィルタなどとともに圧力源ユニット回路の典型的なものです．

　図 5.2 はリリーフ弁を 2 個用いて，異なった 2 種類の回路圧を設定する例です．油圧プレスなどの加圧行程には高圧制限用リリーフ

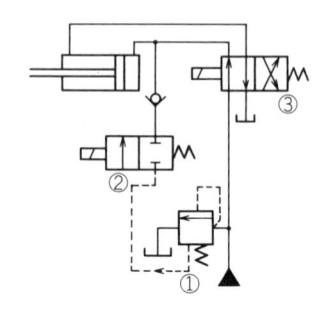

図 5.3 ベント回路を用いたリリーフ弁の
操作回路

弁①を使い，戻り行程は低圧制限用リリーフ弁②によりラムを押し上げるに必要な低い圧力を回路圧として得るよう各作動行程ごとの回路圧を設定したものです．したがって，戻り行程の終端においても，低圧設定圧力にて運転されるため動力の消費も，油温の上昇も少なく，ポンプやその他の機器の保守の上からも有利というわけです．

図 5.3 はリリーフ弁①のベント回路を 2 位置弁②などにより操作して，高圧設定値とアンロードの二つの回路圧力の調圧用に供するものです．②の弁の電磁力の制御は他の条件によって定められる，アンロードの指示によって通電し作動します．通常は，スプリングの作用でベント回路は閉じられています．

第二として減圧回路について説明することにします．これは主操作回路の圧力が高すぎたり，負荷によって変化する場合，減圧弁によって一次圧の変化にかかわりなく，それより低い二次圧を，ある設定した値に保持する必要のある場合があります．

図 5.4 は減圧弁①を用いた典型的な 2 圧回路です．②のシリンダ

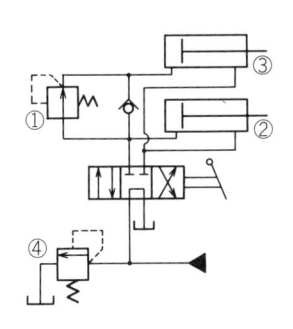

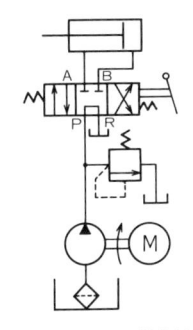

図 5.4 減圧弁を用いた 2 圧回路

図 5.5 4 ポート 3 位置切換弁を用いたアンロード回路

のピストン力は④のリリーフ弁の設定圧力によって決定され，③のシリンダのピストン力は①の減圧弁の設定二次圧によって主回路圧に関係なく任意に定めることができます．

第三の圧力制御回路として，油圧システムの総合運転効率の向上に重要な役割をもっている，アンロード回路を取り上げなければなりません．作動サイクル中，回路で圧油を必要としない期間の際，定容量形ポンプの吐出し圧力を低い圧力のままタンクに戻し，ポンプをアンロードすることは，ポンプの寿命を伸ばし，油温上昇を防止し，油圧装置の運転の合理的利用など，多くの効用が考えられます．

図 5.5 は 4 ポート 3 位置切換弁の中立位置を PR 接続として，ポンプ吐出し口とタンクとを短絡する方式のアンロード回路です．

また図 5.6 は，特にアンロード用として，2 ポート 2 位置電磁切換弁を主回路のバイパスとして挿入したものです．これは電気的指令によって主回路の操作とは直接関係なくアンロードすることができます．

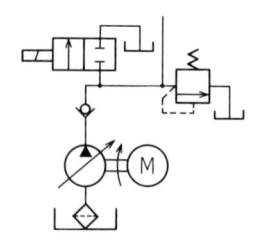

図 5.6 2ポート2位置切換弁を
用いたアンロード回路

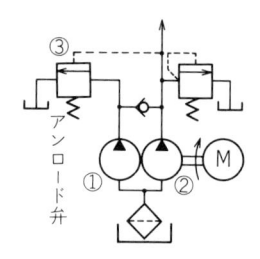

図 5.7 高低二つのポンプを用いた
2圧回路のアンロード方式

　図5.7は低圧大容量ポンプ①と高圧小容量ポンプ②の合理的な連成運転の基本的な例です．これはプレスや工作機械のように早送りと締込み（切削送り）を必要とする場合に用いられます．早送りのときは両ポンプの合計流量がアクチュエータに作用し，締込みの際には，その高い圧力のパイロット圧によって，低圧ポンプはアンロード弁③の作動によりアンロードされ，小流量の高圧ポンプのみがはたらく回路となっています．したがって，電動機の出力はその作動サイクルの負荷に対して，必要にして最小の容量でよく，しかも低圧大容量ポンプの機能によりサイクルタイムを短くできる特徴が

5.3 油圧基本回路のいろいろ

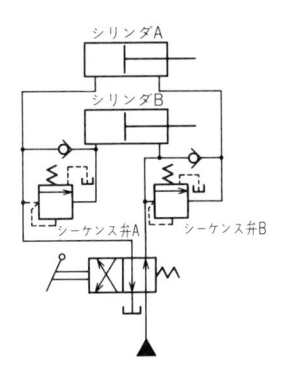

図 5.8 チェック弁とシーケンス弁
による順次作動

あります.

　油圧システム制御の第三の段階として，先に位置づけた基本的な制御方式として，第四のシーケンス回路についておはなししましょう．それは装置各部の操作順序を確実に決めることのできる回路です．これは装置の自動化技術の基本であって，さらに，空気圧，電気，機械の各方式を適当に取り入れて，最も合理的な自動運転のサイクルタイム計画を作ることができます．

　図 5.8 はシーケンス弁を用いて，シリンダの順次作動を行わせる回路です．これはシリンダの作動が終端に達しますと，その回路の圧力が上昇し，その圧力によってシーケンス回路がはたらき，次のシリンダの作動が開始します．工作物の固定，その切削，取外しなど，比較的簡単な順次作動装置に適します．

　第五にはカウンタバランス回路を取り上げることにします．シリンダの負荷が重量物である場合，その作動負荷が除かれた際，その自重や慣性力などのため所定の位置制御ができなくなったり，ラム

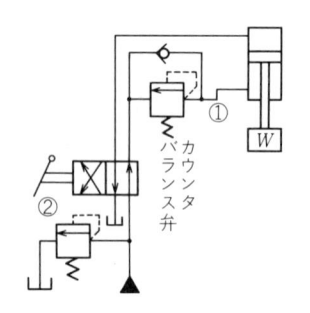

図 5.9 カウンタバランス回路

が自由落下したり，暴走したりすることを防止しなければなりません．そのためタンクへの油の戻り側に，その流量の変化に関係なく，必要な一定の背圧を与える，いわゆるカウンタバランス回路が活用されます．

図5.9は垂直に置かれた比較的自重の大きいシリンダピストンの戻り側に，その重量に相当する背圧を与えるカウンタバランス弁①を設けて，その自由降下を防止し，必要なピストン力をリリーフ弁②によって規制する基本的な回路です．

図5.10はプレフィル弁，カウンタバランス弁を含んだシーケンス回路であって，ラムは二重シリンダ機構をもち，プレフィル弁を通して油補充を行いつつ，ラムの急速降下を図ります．負荷作動に入ると，シーケンス弁によってプレス作業のための主回路のリリーフ弁の設定圧力まで昇圧されます．カウンタバランス弁は重量の大きいラムの自由下降を防止する役を果たしています．

最後に，第六として回路にアキュムレータを設けることにより，圧力保持，サージ圧の吸収，あるいは油圧のエネルギーの蓄積をする補助油圧源とするなど，多くの有効な効果の期待できるアキュム

5.3 油圧基本回路のいろいろ

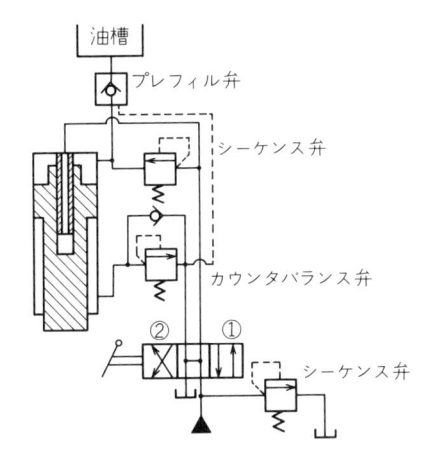

図 5.10 プレフィル弁，カウンタバランス弁を含む順次作動

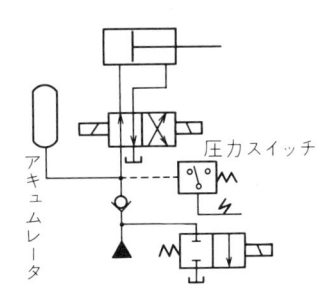

図 5.11 アキュムレータと圧力スイッチによるクランプ回路

レータ回路についておはなししましょう．

図 5.11 はクランプ回路に用いられた場合です．アキュムレータと圧力スイッチとによって，シリンダピストンの圧力保持を行う一

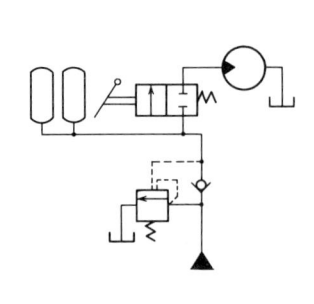

図 5.12 アキュムレータによる油圧エネルギー蓄積

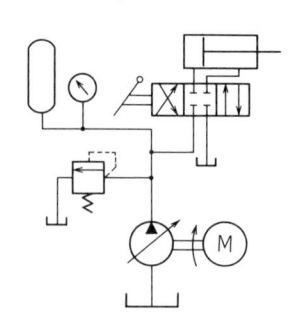

図 5.13 アキュムレータによるサージ圧緩衝

方,2ポート2位置電磁切換弁を用いて,ポンプ圧力のアンロード操作を行い,運転総合効率の向上を図るしくみのものです.

図5.12はアキュムレータによる,油圧エネルギーの蓄積を目的とした回路であって,回路圧がある一定値に達すると,アンロード付リリーフ弁によってポンプ圧力はアンロードされます.油圧モータはあらかじめアキュムレータに蓄積された油圧源により駆動されますから,その容量によってある時間内に限って,ポンプ容量とは直接関係なく,相当大きな出力のサイクルタイムを期待することができます.

次に図5.13はポンプ吐出し口近くに比較的小容量のアキュムレータを設けて,弁の切換時に発生するサージ圧力を吸収して,ポンプやその他の機器への瞬間的過負荷の防止,並びに回路における振動,騒音,配管のゆるみによって生じる漏れや破損などの防止に役立たせます.

最後に,重量の比較的大きい工作機械のテーブルなどの往復運動回路切換機構として,よく用いられるデセラレーション弁による減

5.3 油圧基本回路のいろいろ

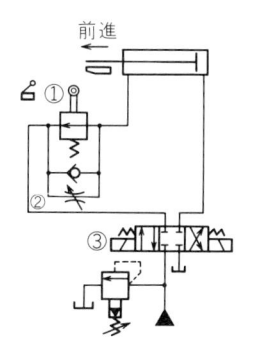

図 5.14 デセラレーション弁による
シリンダの方向切換え

速回路についておはなししましょう．切換時の急激な減加速度を緩和するため，ストロークの末端直前にデセラレーション弁を設置して，回路切換えによるショックを防止することができます．

図 5.14 は切換弁①が OFF のときは，シリンダは高速作動していますが，ドックで①の弁をその変位に応じて ON（切換弁は閉の状態）へ切り換えますと，流量調整弁②が作用して流量が制御されて減速され，シリンダは低速作動になります．その直後③の電磁切換弁が作動し，シリンダへの油の流れ方向が切り換えられ，静かに戻り行程になります．

（2） 速度制御回路

油圧アクチュエータの直線あるいは回転の速度を無段階に，流量調整弁などによって，比較的容易に制御することができることは，油圧システムの最大の特徴の一つであるといえましょう．弁の流量特性を理解し，その速度制御の目的に最適な回路を構成する必要があります．一般に回路の選定は速度の制御範囲，その精度，負荷の

(a) メータイン回路　(b) メータアウト回路　(c) ブリードオフ回路

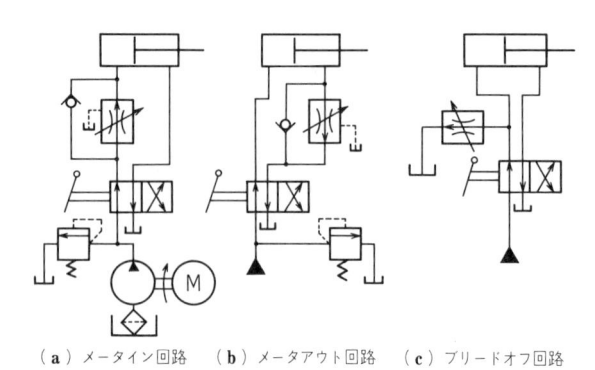

図 5.15　流量調整弁の設置位置による回路特性のいろいろ

種類とその目的，据付け場所や価格など，多くの要素を考慮して決定する必要があります．

　最もオーソドックスな速度制御回路として，第一に流量調整弁を利用する回路を挙げることができます．特に定容量形ポンプを用いた油圧源でのアクチュエータの速度制御に至っては，最も基本的なものということができます．回路における流量調整弁の設置位置は，アクチュエータへの流入側，流出側あるいは流入側からタンクへ通じるバイパス回路部分の三つの場合が考えられます．それぞれメータイン回路，メータアウト回路そしてブリードオフ回路と呼ばれて，それぞれ特徴のある作動特性を挙げることができます．図 5.15(a)，(b)，(c)はそれらの基本回路例を示します．

　メータイン回路においては，ポンプ吐出し量は一般に調整速度範囲に対応する流量よりも大きく，流量調整弁の一次側回路の圧油は，常にリリーフ弁の設定圧力に達しており，余分の油をリリーフ弁よりタンクへ戻し，その二次側圧力，すなわちアクチュエータの

一次側圧力は，その負荷に対応して適当に減圧された値として，定められた状態を保つことができます．この回路はアクチュエータにかかる負荷が常に正の場合にのみ用いられます．回路効率にはリリーフ流量の割合が直接関係しますので，その値が比較的小さくとれる場合，シリンダの背圧が比較的小さいので，良好な特性が得やすく，利用度が大とされています．

次にメータアウト回路においては，ポンプの吐出し圧はリリーフ弁によって一定圧力に保たれ，アクチュエータに直接作用します．速度制御は，その背圧を与える形において流量調整弁がはたらくことになるため，その負荷変動はその背圧の変動と対応します．すなわち負荷の増加は背圧の減少を，負荷の減少は背圧の増大を意味し，さらに，負荷が負に達すると，背圧は更に上昇し，ポンプの吐出し圧力よりも大きくなることも考えられるため，その作用力によりシリンダピストンの暴走を防止することができることになります．このようにメータアウト回路は一般に回路効率はあまり良くありませんが，ストローク途中に一部負の負荷が生じることが考えられる場合には，その特徴を発揮し有効に用いられます．ドリリングの最終段階の際に，その暴走を防止し，ドリルの破損防止などを配慮した回路などに用いられます．

ブリードオフ回路においては，アクチュエータの速度に対し，余分とされるポンプ吐出し量を流量調整弁によって規制し，タンクへ還流する方式です．その圧力は負荷によって定まり，メータイン，メータアウト回路などのように，一定なリリーフ設定圧力ではないので，回路効率は非常に良いことになります．しかし油温変化並びに負荷の変動などによるポンプの容積効率や回転速度の変化など，ポンプの吐出し量の特性値の変動がアクチュエータの速度変動に直接影響しますので，その正確な速度制御を行うという点では前二者

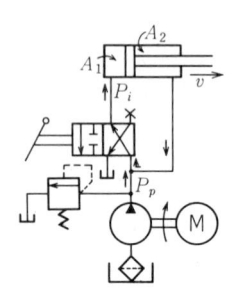

図 5.16 シリンダの吐出し流量を活用する差動シリンダ回路

に劣ります．したがって，負荷の変動が比較的一定である場合には有利に利用されることになりましょう．

　第二に絶妙なからくりともいえる差動シリンダ回路についておはなしをしましょう．図 5.16 のような片ロッドシリンダにおいて，ヘッド側とロッド側管路を短絡し，ピストンの前進行程の作用流量に対して，その面積差より発生する作用力によってロッド側より排出される流量を，ヘッド側に追加供給して行程速度の増大を図る回路方式を差動シリンダ回路といいます．この回路はピストンの後退時に負荷として引抜加工などを行い，その前進行程は早戻しをして，そのサイクルタイムの能率を上げる目的に利用されます．

　第三として，アクチュエータにラムを用い強大なプレス力を発生させる回路における無負荷急速送り行程に対して利用される油補充による急速送り回路を取り上げることにします．これは複雑な回路構成を余儀なくされる高低圧の二つのポンプ回路を用いる代わりに，ラムの自重，さらに，積極的に補助シリンダの助けをかりて，作用面積の大きいラムシリンダにおける大形低圧ポンプ的吸込み作

5.3 油圧基本回路のいろいろ

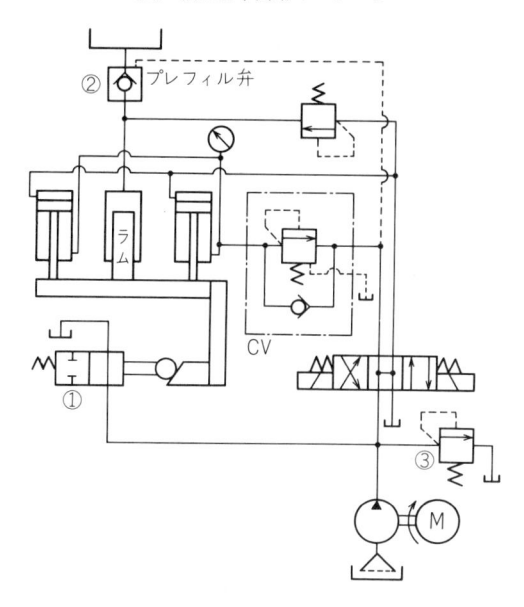

図 5.17 ラムの自重と油補充による急速送り回路

用と同じ作動を利用することができます．

　図 5.17 はラムの自重とプレフィル弁②による油補充をしつつまず急速送りを行い，ピストンが加工行程に達すると，リリーフ弁③の設定圧力に相当する出力を発生する回路を示します．その戻り行程における末端位置の決定のために，カム作動 2 ポート 2 位置弁①を設けます．ポンプはその位置においてアンロードし，ピストンの自重に対応する回路圧はカウンタバランス弁 CV によって適当に保たれて，休止状態となるしくみとなっています．

　いままでの速度制御の例は定容量形ポンプを使用して，主として流量調整弁などによってアクチュエータへの流量，すなわちその速

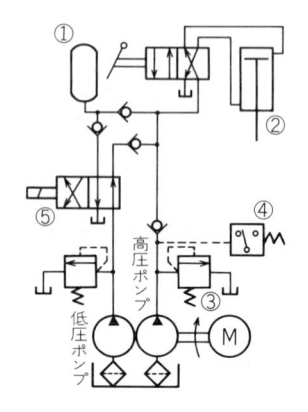

図 5.18 アキュムレータによる作動
サイクルタイムの短縮

度を制御する方式についておはなししてきました．次は可変容量形ポンプにより直接速度制御を行う，いわゆる油圧制御システムの第二段階としての回路についておはなししましょう．一般的にいえることは，油圧源としてのポンプの吐出し量を調整して，アクチュエータの速度を制御することは，リリーフ弁を必要とせず回路効率が良く，熱発生も少なくなるなど多くの利点を挙げることができます．可変ポンプの制御は手動，電動，油圧パイロット方式など種々考えられますが，その回路として母機の性質などをも考慮し最も合理的なものを採用することが必要です．

次に，アキュムレータの活用による急速送り回路についておはなししましょう．図 5.18 は高圧小容量，低圧大容量の二つのポンプを用い，低圧大容量アキュムレータ①を用いて，ピストン②の急速送りを行わせる回路です．ピストンが加圧作動行程に入ると，回路圧は各逆止め弁の作用によって，負荷に対応して高圧ポンプ側リリ

ーフ弁③の設定圧力まで上昇して，高圧低速送りが行われます．この間④の圧力切換スイッチによって，⑤の4ポート2位置切換弁の位置が切り換わって，アキュムレータ①への圧油の補給が低圧ポンプによってのみ行われます．このような回路はポンプ容量を合理的に利用して，回路動力効率を上げ，そのサイクルタイムの短縮に効果があり，おもしろい回路ということができましょう．

この項の最後となりましたが，舞台のせり上がりに見られる，二つのステージが同時に上昇し，常に位置が同じレベルであることが要求される場合に，その活用が期待される同期回路について考えてみましょう．二つ以上のアクチュエータを同期させるということは，その寸法や特性を全く等しくする必要がある上，その負荷の状態も均一でないと厳密には困難な問題が多く存在します．したがって，同期精度を高く要求される場合には，フィードバック制御を用いなければ十分とはいえません．しかし普通には流量調整弁，油圧モータ，分流弁，同期規制シリンダなどの活用によるもの，シリンダの配列，機械的制限機構など，多くの方式がその使用目的によって種々選定されています．

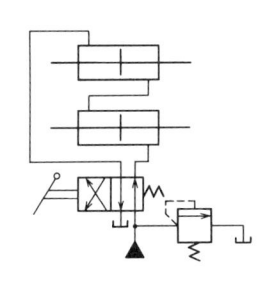

図 5.19 シリンダの直列配置による同期回路

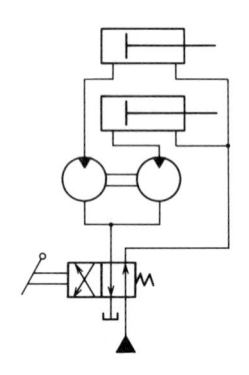

図 5.20 二つの油圧モータを同軸
結合した同期回路

図 5.19 は同じ特性のシリンダを直列に結合したもので,理論的には同期が可能ですが,その特性のわずかの差により累積誤差が発生し,同期位置がずれることが考えられます.その防止のため実際には,常に終端位置での規正あるいはその修正のための適当な補助装置の付加が必要となる場合があります.

図 5.20 は特性の全く同じメータリング用の油圧モータをシリンダの個数だけ用いて,それらを機械的に同一回転させ,シリンダへの送油量を規定する方式です.この場合でも各シリンダの特性,特に負荷変動による油の漏れ特性の変動など誤差要素もありますが,比較的安定した作動を期待することができます.

(3) **方向制御回路**

いままでに例示して,おはなししたいろいろの油圧回路において,ほとんどの場合アクチュエータの前後の回路内に方向切換弁が用いられ,その方向を切り換えるしくみになっていました.したがって,ここでは特に方向制御に注目した基本回路,あるいは特に重

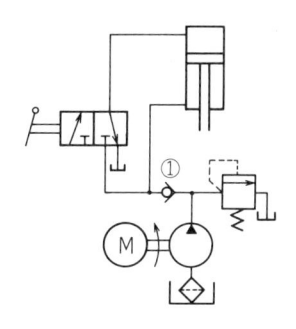

5.3 油圧基本回路のいろいろ

図 5.21 逆止め弁によるシリンダの自由ストロークを防止するロッキング回路

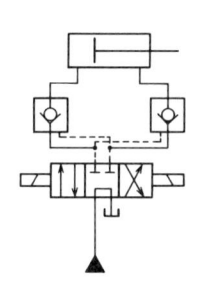

図 5.22 パイロットチェック弁を用いたロッキング回路

要と思われる二，三の方式について述べるにとどめることにします．それは普通，シリンダピストンを任意の位置に固定するロッキング回路，圧力スイッチやリミットスイッチなどによる，電磁方式による方向切換操作を行う自動運転回路などがあります．

まず第一にロッキング回路についておはなししましょう．アクチュエータにかかる負荷の変動，回路圧の変化，その他の操作などにかかわりなく，シリンダを必要な任意の位置に固定し，自由な運動が生じるのを防ぐための回路です．

図 5.21 は 2 位置切換弁の位置が図の状態にあって，ピストンがストロークエンドあるいは，任意の位置に達したとき，ポンプやリリーフ弁がなんらかの原因で，負荷に対応する圧力を保持しえなくなった際，チェック弁①の作用によって，ピストンの自由降下を防止することのできる回路です．

また図 5.22 のように，アクチュエータと切換弁との間の管路内に，パイロット式チェック弁を設けますと，そのシールが完全に行

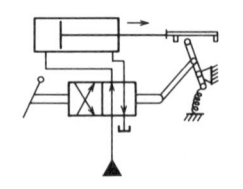

図 5.23 機械切換装置による連続往復運転回路

われますので,シリンダは両方向とも確実に固定されることになります.もちろんこの場合といえども,シリンダに大きな負荷が常時かかっていますと,シリンダピストンのシール部からの内部漏れによるわずかな変位は無視することができない場合があります.

次にテーブルの往復運動などの簡単な方向切換操作などに用いられる機械的切換方式による回路についての例を示します.図5.23のように切換弁の位置の切換えを,シリンダの運動部分に装着したカムやドッグなどの作用によって,直接あるいはパイロット回路を経て行い,その運動の停止又は方向切換えを行わせることは,その連続往復運動回路や,その停止機構として広く利用されます.この場合,主切換弁のパイロット操作弁として活用しますと,切換操作をより敏速に,精度的にも高度化することができます.

このほか,最近広く用いられる方式として,電気的切換方式による各種の回路があります.油圧装置の自動運転,シーケンス機構,遠隔操作を行う場合,リミットスイッチ,圧力スイッチなどを用いて,電磁方向切換弁を操作したり,電磁開閉器を作動させて電動機の起動停止を行う方式です.これらの方向制御回路に過負荷保護回路,電気回路的インタロックによる安全回路,誤動作防止回路などの付加によって,油圧回路の合理的な総合効果の発揮を図ること

5.3 油圧基本回路のいろいろ

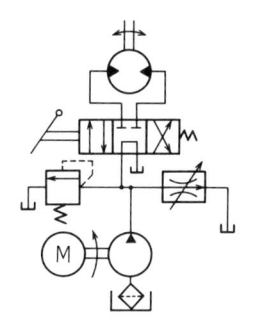

図 5.24 正逆両方向の出力トルク一定モータ回路

が，その付加価値を増すことになるため重用されています．

（4） 油圧モータ制御回路

流体のエネルギーを機械的エネルギーに変えて，その出力を回転力と回転速度とによって発揮する油圧モータは，一般にその圧力，流量を制御することによって，一義的にその回転力と回転速度が制御されます．さらに，可変容量形油圧モータ及びポンプを適当に組み合わせることによって，定出力，可変速度回路など，種々の回路方式がこれに加わることとなります．

図 5.24 は定容量形ポンプを用い，両方向吐出し定容量形モータを 3 位置切換弁によって，正逆両方向回転を操作し，出力トルクを一定とする回路です．回転速度制御については，図に示しますように，流量調整弁をブリードオフ回路とすることも，メータインあるいはメータアウト回路とすることもできます．もちろんその回路特性の得失については，先の速度制御回路の項で述べたことと同様となります．

図 5.25 は可変容量形モータに一定圧力，一定流量の油を供給す

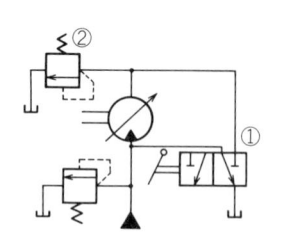

図 5.25 可変容量形モータ
による定出力回路

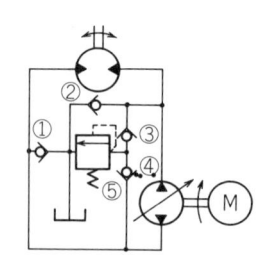

図 5.26 可変ポンプと定容量形
モータによる閉回路

ることによって，"出力 L (W) はそのトルク T (N・m) と，回転角速度 ω の相乗積に等しい一定値となる"，という理論に基づいて制御される回路です．

$$L = T \cdot \omega = T \cdot 2\pi n$$

ただし，n：回転速度

図において，①の3ポート2位置切換弁がモータ作動状態から図に示す位置に切り換えられるとき，モータは急に停止することになります．この際，モータ回りの慣性力によるポンプ作用を逆に利用して，②のようなブレーキ弁を設けることによって，回路内の瞬時的高圧過負荷を防止することができます．さらに，この回路の油圧源として，可変容量形ポンプを利用しますと，かなり自由な出力，トルク，回転速度，方向などの各種制御システムの組合せの計画をすることができます．

次に図5.26は可変容量形ポンプの両方向吐出し形を用いて，定容量モータを駆動する閉回路形の可変速度，出力のモータ回路です．チェック弁①，②は閉回路からの油漏れに対する油補充用に，③，④のチェック弁は⑤のブレーキ弁を利用して，モータの停止時

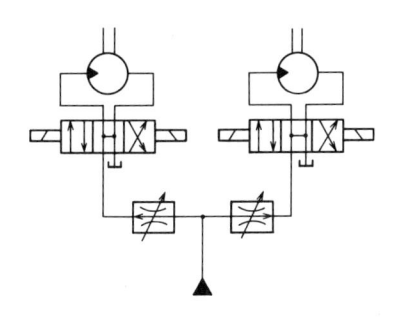

図 5.27 二つのモータ回路を
並列結合した回路

における暴走，逆転時に発生する衝撃，騒音，サージ圧などの防止用として機能させます．このような閉回路は一般に回路効率は良く，熱の発生が比較的少なく，タンクも小形でよいので車両用として重用されています．

　図 5.27 は二つのモータを並列結合することによって流量は 2 分され，その回転速度は小となりますが，トルクは油圧源によって一定値が補償されています．この回路は各モータの負荷が等しい場合に最も有効となりますが，そうでないと，その同期性が失われることも考えられます．

　その他シリンダの同期回路と同様に，モータにおける直列結合による回路があります．この場合は各モータの対外気差圧が異なるので，シールなどには特に注意が必要になります．

5.4　空気圧基本回路のいろいろ

　空気圧回路の基本構成要素は，空気圧縮機から供給される圧縮空

気を蓄積する空気タンク,空気圧調整ユニット(ここまでを圧力源ユニットという)そして制御並びに操作回路からなっています.

空気圧回路方式の決定は,油圧の場合と同様にその負荷サイクルの解析を行い,サイクルタイムの設定,切換弁や速度制御弁の操作方式や設置位置,圧力源とアクチュエータの出力との関係などを検討して,その条件を満たす基本回路図の作成をまず行うことになります.さらに,回路中に安全対策のインタロック,保守管理面からの検討などを行うことが必要になります.

(1) 空気圧回路の基本

空気圧システムは手動による切換弁と,一つの空気圧シリンダによる簡単なものから,自動機械やトランスファマシンのように複雑なシーケンス操作のものまであります.それらの機能とその回路を分析すると,油圧回路の場合と同様,比較的単純な幾つかの基本回路の組合せによるものとして理解することができます.

基本回路は一般にシリンダと各種の方向切換弁との結合の仕方による空気圧駆動回路を中心に,その制御方式,シーケンス操作における作動順序,起動,停止の方式などの様式によって,多くの形式が展開されます.これらに対してその制御面を強調し,空気圧回路が制御信号を伝達するものとする,論理回路によって代表される回路方式があります.

その他の点については,基本的に油圧回路と同じで,JIS B 0125を用い,油圧源がポンプであるのに対し,空気圧の場合は空気圧縮機が空気圧源となること,さらに,全体的には流体の性質の違いによる機器の設計様式が少し異なること以外は,全く同じ概念で取り扱うことができます.

以下,油圧回路の場合と特に差異のあると思われる事項や典型的な空気圧回路例を取り上げておはなしすることにします.

5.4 空気圧基本回路のいろいろ

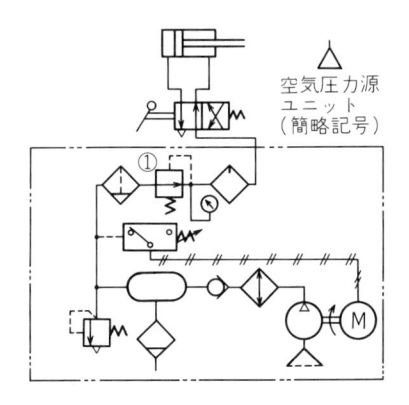

図 5.28 空気圧源回路と簡略記号

（2） 空気圧源回路

空気圧縮機から供給される圧縮空気を蓄積する空気タンク，空気圧調整ユニットは，そのシステムの圧力と使用空気量などによって決定される規模の空気圧源回路の仕様が初めに決定されます．

図 5.28 は空気圧源として空気タンクの圧力に応じて，電動機の運転，停止が自動的に行われる単段圧縮機を有する一般的な回路例です．普通，空気圧回路を書く場合は同図の圧力源ユニットの簡略記号をもって表して，機能的な制御と操作回路はその後の部分から書かれます．ここでは後者について主として述べることとします．

（3） 簡単なシリンダ操作回路

空気圧源回路の説明のため示しました図 5.28 は，複動空気圧シリンダと手動 4 ポート 2 位置切換弁による最も基本となる空気圧回路です．圧力は圧力調整弁①により適当に設定し，切換弁は普通，スプリングあるいは手動によって戻す機構になっています．この場合のピストン速度は負荷と管路系の流体抵抗によって決まります．

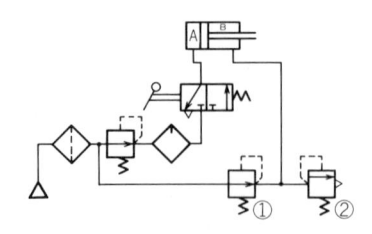

図 5.29 シリンダの戻し側に一定圧を供給し、その戻り操作を行う回路

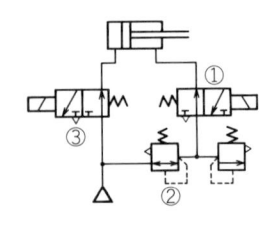

図 5.30 差動シリンダ回路を利用した圧力制御回路

図 5.29 はシリンダの B 側に常時低い一定圧を供給し、A 側に高い圧力を給排気してピストンを操作する回路です。この方式によると、単動シリンダのスプリング戻り式のものに比して、ピストンの押出し行程において抵抗が一定なのが特徴です。戻り行程においては、その必要とする力に応じて①の圧力調整弁の設定値を決めます。②はリリーフ弁ですが一種の背圧弁とも考えてよいと思います。またこれは3ポート切換弁による差動シリンダ回路でもあります。B 側のロッド径を大きくし、A 側の受圧面積差を比較的大きくとっておくと、弁の操作により圧力源側と A, B 側管路が接続されたとき、その面積差に応じたピストン力で戻り行程が始まります。

(4) 圧力制御回路

図 5.30 は、加圧行程中は①、②、③の各弁を通じて、一種の差動シリンダとして低差圧でストロークし、そのエンドの位置で①を ON にするとロッド側の圧力が大気に通じて加圧力が増加します。例えばクランプ作動においては、その状態において一定時間強く加圧することができます。その戻り行程は、③の弁を操作して①の弁の電磁力を OFF にすればよいことになります。

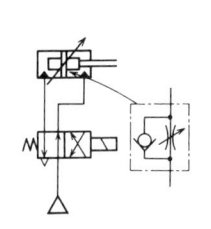

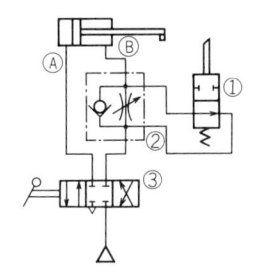

図 5.31 クッション付シリンダ回路

図 5.32 クッション機能を外部に設けたシリンダ回路

（5） クッション回路

図 5.31 は，いわゆるクッション付シリンダとして利用されているもので，その回路構成はシリンダエンドにおける補助ピストンとチェック弁と可変絞り部からなり，その作動が始まりますと，絞りがはたらきクッション効果が生じるしくみとなっています．その絞りの度合いはシリンダ外部から調整ねじなどによって負荷の条件によって調節することができます．

図 5.32 はクッション機構をシリンダの外部の回路に設け，そのクッション作動位置を可変にして，外部で任意に調整できるようにしたものです．③の切換弁を操作してピストンが加圧行程に入るとロッドが抜き出てきます．①の機械操作 2 位置弁が設定位置でカムによって切り換わりますと，シリンダの B 側の排気クッション機構，②の絞り機構を通り排気されるため，その設定値により必要に応じたクッション効果を得ることができます．もちろん，切換弁③を電気スイッチなどによって電磁操作とすることもできます．

（6） 速度制御回路

空気圧回路における速度の制御は油圧制御の場合と異なり，原則

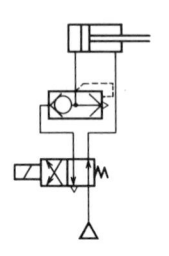

図 5.33 急速排気弁による
シリンダ速度制御

的には負荷の変動に一義的に影響され，流量調整弁などによる流量の定量的制御を行い，速度の定量性を確保することはできません．しかしその負荷が一定であったり安定している場合には，回路中の絞り弁によってアクチュエータの速度は変えられます．この場合，回路における絞り弁の設置位置が，アクチュエータへの流入側，流出側の二つの典型的な場合が考えられます．前者はメータイン回路，後者はメータアウト回路と呼ばれ，その作動特性については油圧回路の場合と同様に考えられますので，ここでは説明を省略いたします．

圧縮空気を用いるシステムであるがゆえの空気圧回路ともいえる，急速排気弁によるシリンダの速度制御をする回路を取り上げましょう．図 5.33 は，切換弁によりシリンダを操作する場合で，その排気は弁の排気通路を経て大気に放出されることになります．この場合，切換弁内の流動抵抗や管路抵抗などのため，シリンダの背圧が上昇し，ピストンの速度もあまり大きくなりません．これに対してこの回路のように，シリンダ出口ポートの近くに急速排気弁を取り付けて，シリンダの排気を切換弁を通さずに直接，しかもその流動抵抗をできるだけ小とするような弁構造とすると，ピストンの

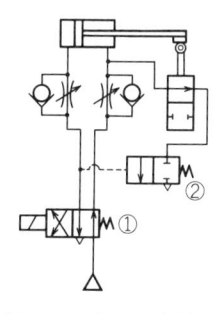

5.4 空気圧基本回路のいろいろ　　　　113

図 5.34 ピストンの急速・高速始動のためのチェック弁活用回路

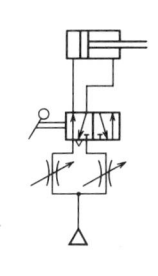

図 5.35 5 ポート弁によるシリンダ速度制御（メータイン回路）

戻り行程の速度を最大とすることができます．これは自動化システムのサイクルタイムを切りつめるのに大変役立つので広く用いられています．

図 5.34 はピストンの起動時などにおいて，急速・高速始動を要する場合に用いられる回路です．一般にメータアウトで排気側を絞りますと，始動時の加速がそれだけ遅くなります．これを補うため切換弁①を ON にすると同時にパイロット圧がはたらき，②の 2 ポート切換弁がはたらき，シリンダの排気側の流れは流路の絞り回路から開放され，切換弁の内部抵抗と管路抵抗のみの比較的絞り効果の少ない流路を通ることとなり，その目的を達することができます．

空気圧切換弁では 5 ポート弁が回路の合理化のためによく用いられます．図 5.35 は，メータイン回路により速度制御を行う場合であって，空気圧は切換弁の入口側において，ピストンの各方向に対して，それぞれ独立の絞りを与えることができ，速度を調整するこ

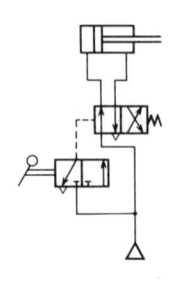

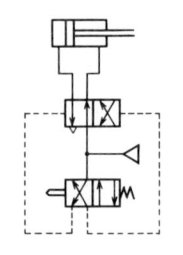

図 5.36 3ポート弁をパイロット弁とする2位置弁を操作する回路

図 5.37 機械操作パイロット弁による主弁操作回路

とができます．弁の出口ポートは直接排気口になっています．

（7） パイロット操作によるシリンダ回路

空気圧システムにおいて，遠隔操作，大形弁の操作，数個の弁を同時に操作するときなどにおいて，パイロット弁を用いた制御が利用されます．

図 5.36 は手動式の 3 ポート切換弁をパイロット弁として，4 ポートの主切換弁を操作する回路です．遠隔操作を必要としたり，比較的口径の大きいシリンダ操作管路系の場合に適します．この場合，パイロット弁の制御方式は信号の検出や伝達などシステムの都合によって選定し，機械方式，電気方式などが用いられています．

図 5.37 は機械操作の 4 ポート切換弁をパイロット弁として主弁の 4 ポート切換弁を操作する典型的な回路です．

図 5.38 の回路は 2 個の 3 ポート切換弁をパイロット弁として，4 ポートの主切換弁を操作する場合です．この操作回路は主弁のパイロット圧は常時排気となっており，切換えの際手動にてパイロット弁を操作して主弁を切り換えます．この場合，そのパイロット操作

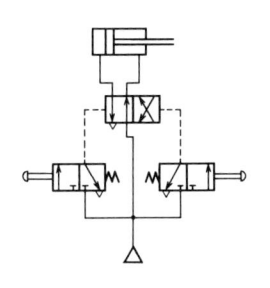

図 5.38 二つのパイロット弁により 2 位置切換弁を操作する回路

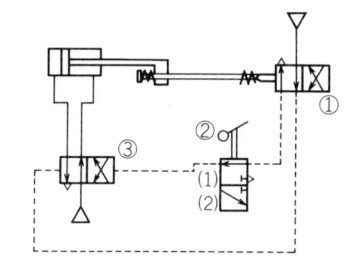

図 5.39 手動パイロット弁操作と機械切換弁とによる自動連続運転

を停止しても，主弁はその位置にとどまることとなります．この方式は自動操作回路の基本操作の一つです．

（8） 自動連続操作回路

一つのシリンダの往復運動を一種のシーケンス制御的に連続操作を自動的に行わせることは，作業を自動化，無人化する上で重要な空気圧回路です．その信号は電気リミットスイッチなどによる電気方式はもちろん，リンクやカムなどの機械的なメカニズムを用いる場合もあれば，空気圧信号によって行うなど，多くの場合が考えられます．

図 5.39 は一つのパイロット弁①を用いて，ピストンの自動連続操作を行う回路です．まず②の手動弁を(1)のように操作すると，主切換弁③はパイロット弁①からの空気圧信号によって，図のような位置となり，ピストンは戻り行程となります．その終端においてピストンロッドに取り付けたカラーが弁①の機械的な切換えを行い，パイロット圧は弁②を通して弁③の切換えの操作が行われ，ピストンは送り行程に入ります．そして再びカラーにより弁①が図示

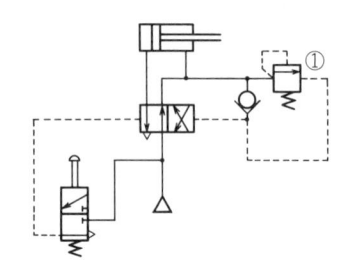

図 5.40 シーケンス弁による自動 1 往復運転回路

のような位置に戻ると，この操作が初めの状態になり，引き続き往復運動が続けられます．この連続操作は弁②を OFF にし (2) の位置にするとピストンが戻った位置でシリンダ操作は停止します．

　図 5.40 はシーケンス弁①によるシリンダの自動 1 往復操作の典型的な回路です．これはパイロット弁をシリンダのストローク途中に設けることができない場合などに用いられます．シリンダがストローク端に達したとき，シリンダ内の圧力上昇を利用して空気圧信号を得るもので，シーケンス弁がその役をしています．この回路においては，ストローク端に達しない場合でもピストンに異常な負荷などがかかると，シーケンス弁がはたらく特性があるので注意を必要とします．しかしこの特性を利用することによって，ピストンが規定値以上の負荷を受けたとき，自動的にロッドが戻る必要がある場合などに利用すると都合が良く，扉の自動開閉機構の安全装置などはその例です．

　図 5.41 は二つのスプリングリターンパイロット弁を用いて，始動弁に図のような 5 ポート切換弁を用いると，両ストローク端で一種のシーケンス作用を行わせて，連続往復作動をする回路を構成す

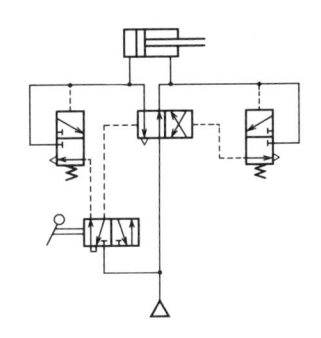

5.4 空気圧基本回路のいろいろ　　　　　　　　　　　117

図 5.41 二つのスプリングリターンパイロット弁による連続往復作動

ることができます．普通，パイロット弁は操作の行われる回路圧の75％程度にてはたらくようにします．

【シーケンス制御回路】
　空気圧制御の特徴の一つに，二つ以上のシリンダの操作順序を比較的簡単にして，確実に決めることのできるシーケンス回路があります．これは空気圧システムによる自動化の基本となっています．
　A，B 二つのシリンダの作動順序は普通，次の三つの場合がその基本となっています．
　（ⅰ）　[A+B+A−B−]
　（ⅱ）　[A+A−B+B−]
　（ⅲ）　[A+B+B−A−]
ただし，[A+] の記号は A シリンダのロッドが伸びることを表し，[A−] は A シリンダのロッドが引き込む行程を示します．
　図 5.42 は，（ⅰ）の場合に属し，まず A シリンダで工作物を定位置に送り込み，シリンダ B でクランプします．クランプを完了し

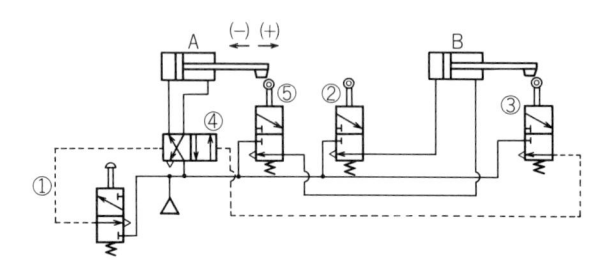

図 5.42 ［A＋B＋A－B－］作動する 2 シリンダ回路

たらシリンダ A は元の位置に戻ると同時に，他の装置で加工が行われます．そして加工が終わると，クランプを解くような，操作回路の場合に用いられます．この回路では，①の押しボタン式 3 ポート弁の始動弁が ON となると［A＋］の作動が始まり，ピストン A が工作物をクランプし，②の弁を操作すると，空気圧はシリンダ B に送られ，［B＋］の作動が始まります．その操作が完了すると，③の弁が操作されて，そのパイロット圧は切換弁④を操作し［A－］の作動が始まります．そしてその末端において，切換弁⑤を操作し［B－］の動作が始まりロッドが引き込んだ位置，すなわちシリンダのすべてが開始の位置に戻った状態において作動は停止します．

図 5.43 は (ⅱ) のパターンに属し，［A＋A－B＋B－］のシリンダ作動の行われるシーケンス回路です．この操作については説明を省略しますので，その順序を目で追って見てください．

作業工程が複雑になるに従って，シリンダ数が増加し，制御弁の数も多くなりますが，回路作成の手順は二つのシリンダの場合と同様に進めます．いまシリンダを三つ使用するシーケンス回路について考えますと，その操作順序は前と同様，

（ⅰ）　［A＋B＋C＋A－B－C－］

5.4 空気圧基本回路のいろいろ

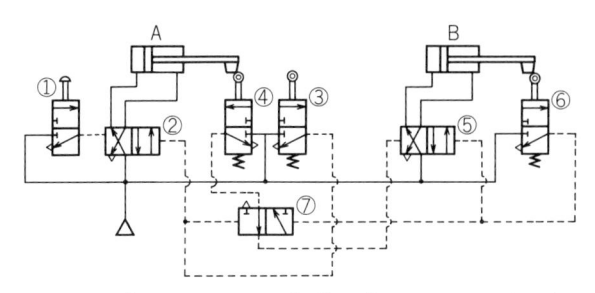

図 5.43 ［A＋A－B＋B－］作動する 2 シリンダ回路

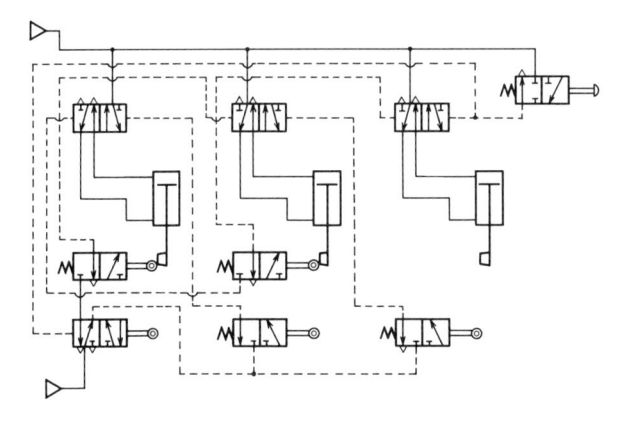

図 5.44 ［A＋B＋C＋C－B－A－］作動する 3 シリンダ回路

（ii）［A＋B＋C＋C－B－A－］
（iii）［A＋A－B＋B－C＋C－］

などがその典型的なものとして挙げられます．

図 5.44 は（ii）の型に属する 3 シリンダの連続作動を行うシーケンス回路です．これはシリンダ A で加工物を送り込み，シリンダ B と C とで加工し，その後シリンダ A で始点の位置に取り出して，

1サイクルの操作が完了するような自動回路として用いられます。この例は5ポート弁を3個用いて、これらを直列にして制御回路の簡素化を図っています。

5.5 空気圧論理回路

論理回路の概念はもともと電子技術部門で開発されたもので、回路構成を論理的な幾つかの基本要素回路の組合せで処理する方式です。近年これらの技術を空気圧回路の制御機能構成に利用することにより、各種の複雑な自動操作制御回路の設計を容易にし、その合理的な解析を容易にしています。

その基本要素回路は "OR", "AND", "NOT" そして "MEMORY" の4種に分けられ、その記号表示は歴史的経過もあって、各種技術体系により異なります（図5.45）。

(1) **論理和回路** (OR回路)

これは二つ以上の入力信号に対して一つの出力信号が制御され、いずれの入力に対しても出力が発生する回路です。これらに用いられる制御弁はその入力信号の数に応じてシャトル弁が用いられます。

図5.46はその応用回路の例を示します。この場合は3ポート弁の操作に対して、c, d, eの信号が各々独立に作用するとき、そのいずれか一つ、あるいはそれ以上の数の信号によって空気圧はA→Bに通じることになります。これを論理回路の計画によく使われる関数表、"TRUTH" テーブルを用いて表示しますと、同図(b)のように表されます。ただし排気状態を "0" で表し、給気状態を "1" として、考えられる各場合を表示してあります。このような回路は、特に空気圧信号を使って各種の制御をするときに広く利用さ

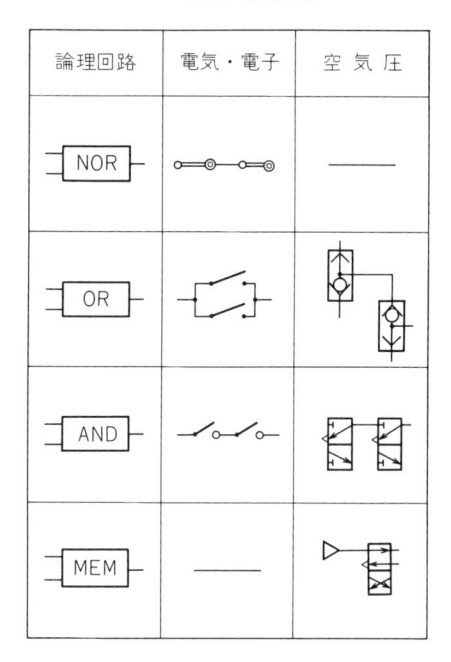

論理回路	電気・電子	空気圧
NOR		
OR		
AND		
MEM		

図 5.45 各種図記号体系の対比

れる回路です．

（2） **論理積回路**（AND 回路）

　二つ以上の入力回路に対して一つの出力回路をもち，そのすべての入力が同時に作用したときのみ出力が発生する回路を AND 回路といいます．

　空気圧回路においては，通常，3 ポート弁がその個々の入力信号によって作動させられ，これが一種の直列結合されている回路の構成が用いられます．

　図 5.47 は三つの 3 ポート弁が c, d, e の各信号によって 4 ポー

"TRUTH"テーブル
OR要素

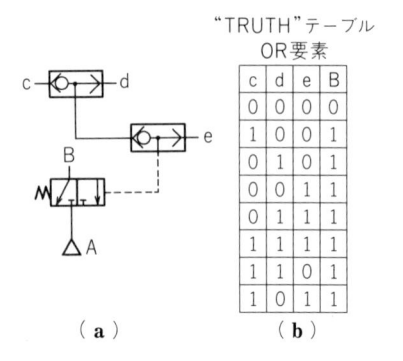

c	d	e	B
0	0	0	0
1	0	0	1
0	1	0	1
0	0	1	1
0	1	1	1
1	1	1	1
1	1	0	1
1	0	1	1

（a）　　　（b）

図 5.46　論理和回路（OR 回路）

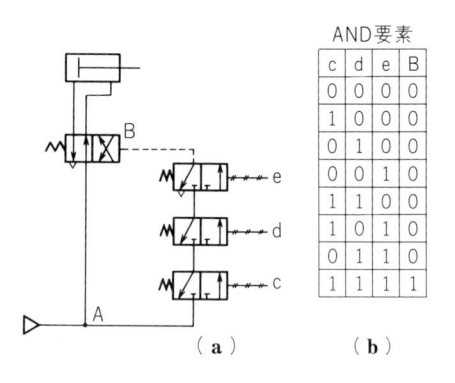

AND要素

c	d	e	B
0	0	0	0
1	0	0	0
0	1	0	0
0	0	1	0
1	1	0	0
1	0	1	0
0	1	1	0
1	1	1	1

（a）　　　（b）

図 5.47　論理積回路（AND 回路）

ト切換弁を操作する回路となります．この場合は TRUTH テーブルに示すように，すべての信号が"1"となる場合のみ出力 B が"1"となることがわかります．これらの回路は従来作業の安全性，確実性などを確保するためのインタロック装置として利用されています．

5.5 空気圧論理回路　　　123

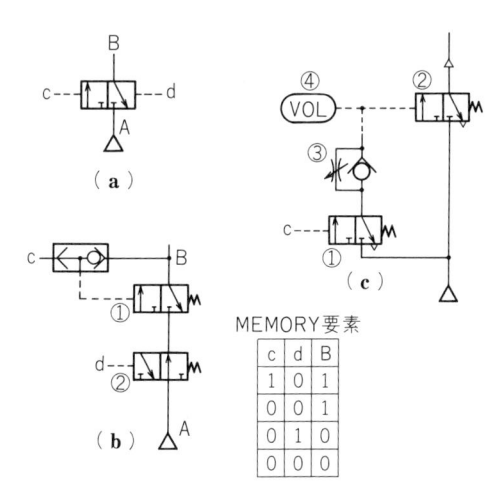

図 5.48 記憶回路（MEMORY 回路）

MEMORY要素

c	d	B
1	0	1
0	0	1
0	1	0
0	0	0

（3） **記憶回路**（MEMORY 回路）

　これは瞬時的あるいは初期値としての入力信号が持続して作用し，制御が行われる回路です．この場合，いったん入力があるとその入力が消滅しても，切換弁は永久にその位置を持続するものとして，UNLIMITED MEMORY（無制限記憶回路）と，一定時間を限ってその位置が持続されるものとして LIMITED MEMORY（制限記憶回路）とがあります．これらの回路は空気容量をパイロット回路中に挿入することによって，時間限定する TIME DELAY 回路，ONE SHOT 回路などがあります．

　図 5.48 は記憶回路の典型的なもので，（a）はパイロット方式の 3 ポート弁が用いられています．これは d に入力信号が入った後の記憶の状態を示しています．

　（b）は 3 ポートのパイロット弁を 2 個用いた場合で，c に入力信

号が伝えられますと，①の弁は切り換わってBがONとなります．ここでcの入力信号がたとえOFFになっても，その状態は切り換わりBはOFFとなります．そしてそのdの信号が再びOFFとなっても，dが再びONにならない限り，BはOFFの状態を永久に持続します．以上の関係をTRUTHテーブルにて示しますと図のように表されます．

(c)は記憶要素の一種であるTIME DELAY回路です．入力信号cがONとなりますと①のパイロット弁がONとなり，空気は可変絞り弁を通りアキュムレータ④に蓄積されつつ弁②のパイロット圧力が徐々に上昇します．そして弁②のばね設定値に達しますと弁②がONとなります．この間の遅れ時間は絞り③とアキュムレータの容積を適当に設定することによって調節することができます．

(4) **否定回路**（NOR回路）

この基本回路は前述のOR回路の逆の作動をするものといえます．すなわち二つ以上の入力信号回路のうち，いずれの一つでもONとなりますと，常時ONとなっているBの回路はOFFとなります．特にこの場合，制御入力信号が数個になる場合を"NOR"

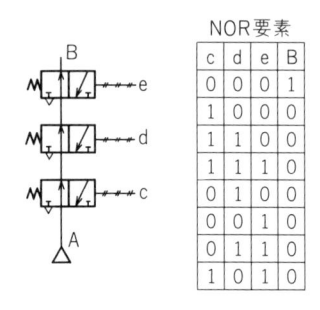

NOR要素

c	d	e	B
0	0	0	1
1	0	0	0
1	1	0	0
1	1	1	0
0	1	0	0
0	0	1	0
0	1	1	0
1	0	1	0

図5.49 否定回路（NOR回路）

と称しています．図 5.49 は三つの 3 ポート切換弁が常時 ON の直列接続になっています．c, d, e の各信号が独立に作用するものとすると，いずれか一つが ON となりますと B は OFF の状態となります．このことを TRUTH テーブルに示すと，c, d, e のいずれも "0" のときのみ，B は "1" すなわち ON となり，その状態を保つことがわかります．

6. 油空圧利用のいろいろ

6.1 はじめに

(1) 油圧技術の応用分野

　油圧技術の利用は，シュレジンガー（J. Schlesingr, fl. 1936）の名著"工作機械"で，流体駆動法並びにその設計と計算の章において詳細に論じられていますが，実際に一般産業に広く利用されたのは比較的歴史が浅く，我が国においては1960年代と考えられています．しかし欧米，特に米国では第一次世界大戦中において，すでに軍用機の可変ピッチプロペラ，引込み脚装置などに油圧の利用が試みられ，その価値が評価されていました．その後強大な研究投資が続けられ，特に第二次世界大戦において近代兵器用として，高度に成長し，今日における一般産業用油圧技術の基盤ができ上がったものといえましょう．その後それらの特殊とされた技術が公開され，工作機械，鍛圧，プレス，そして土木建設機械などに活用されて，その高エネルギー密度，良好な制御性など，他のシステムでは得にくかった特徴が認められて，各種産業機械に取り入れられ，その技術産業経済発展の一翼を担うに至っています．

　油圧機器は産業機械の機能部品として重要な要素機器であるということは，その母機である産業分野の進展とその技術的要望を常に目標として研究開発の努力が続けられ，進歩発展してきたという歴

史があります．また利用される分野が広いということは，またその工業標準化の必要性を決定づけているといえましょう．我が国が1970年に開催されたISO，TC 131の総会に代表団を派遣し，しかもそのSC 1 (Terminology, Classification and Symbols) の幹事国を引き受けたということは，当時としては珍しい国際協力の例として広く受け止められていました．

　我が国の油圧工業は揺藍期を経て，昭和40年代の日本経済の高度成長期にその成長率の約2倍ともいえる17.7％に達していました．それは①一般機械産業の成長（年平均16％），②機械式から油圧式への転換，③旺盛な海外技術の導入など多くの要因によるものと考えられています．その後50年代の石油危機に端を発した経済の停滞期を経て，産業界の体質変革に促されながら油圧システム技術の質的な向上とともに，総生産高も着実な成長を遂げてきていま

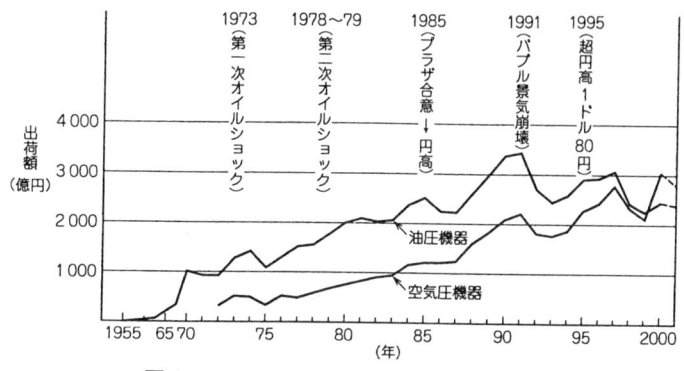

図 6.1 油空圧機器出荷額の推移
（日本フルードパワー工業会資料）

す．図 6.1 に我が国の油圧機器出荷額の推移と，産業経済に及ぼしたと考えられる二三の要因を付記しましたが，当時"暁の産業"と呼ばれていたことを思い浮かべます．また，平成元年度以降の産業分野別の出荷額とその構成比を表 6.1 に示しました．その総額は平成 2 年の 3 300 億円をピークにやや下降し，増減を繰り返しつつあります．これは産業構造の変化，景気動向等幾多の要因によるものと思われるが，この際原点に戻り創造的技術力を培い，新たな飛躍に供える好機を得たものと，考えるべきかも知れません．

(2) **空気圧技術の応用分野**

近年，一般産業技術の進歩とその合理化の気運に促されて，自動化省力化への設備更改が活発化して，空気圧技術を利用する新しい分野の需要が急激に増加しています．従来から盛んに使用されていた，鉱山機械，空気工具，工作機械，鉄道関係部門に加えて，自動化機器の分野として，オートローダ装置，マテリアルハンドリング装置，工業用ロボットなどのほか，自動溶接機械，包装機械などの自動制御装置用に直接あるいは間接省力化用として，その需要の増

表 6.1 油圧機器需要部門別出荷額推移
(日本フルードパワー工業会資料)

	平成元年出荷額(百万円)	平成2年出荷額(百万円)	平成5年出荷額(百万円)	平成7年出荷額(百万円)	平成8年出荷額(百万円)	平成12年出荷額(百万円)	平成13年出荷額予測(百万円)
土 木 建 設 機 械	112 730	136 170	94 131	111 024	114 902	85 350	81 420
農 業 用 機 械	5 550	6 060	7 052	8 355	8 841	8 046	7 670
プラスチック加工機械	16 310	16 490	11 858	13 518	13 492	10 906	10 080
金 属 工 作 機 械	32 120	33 590	20 413	25 335	25 688	20 869	20 950
金属1次製造機械	12 440	10 560	7 020	8 050	9 142	4 190	4 210
第2次金属加工機械	15 040	16 970	10 107	10 736	10 595	8 421	8 300
自動車(特装車)	20 660	12 510	10 021	12 088	12 129	9 127	8 450
産 業 車 両	14 860	18 790	12 836	13 228	11 918	11 508	11 340
船 舶	13 010	14 560	12 724	12 482	14 392	9 870	8 850
小 計	242 720	265 700	186 162	214 886	221 099	168 287	161 270
そ の 他	70 080	71 200	61 929	67 737	68 402	66 936	62 730
合 計	312 800	336 900	248 091	282 603	289 501	235 223	224 000

6.1 はじめに

表 6.2 空気圧機器需要部門別出荷額推移
(日本フルードパワー工業会資料)

	平成元年出荷額(百万円)	平成2年出荷額(百万円)	平成5年出荷額(百万円)	平成7年出荷額(百万円)	平成8年出荷額(百万円)	平成12年出荷額(百万円)	平成13年出荷額予測(百万円)
食　料　品	894	925	1 711	2 056	2 162	2 530	2 290
化学業製品	8 164	8 829	12 446	16 289	17 055	20 089	18 120
繊維製品	2 653	3 003	3 901	5 166	5 358	6 306	5 510
紙パルプ	893	725	1 445	1 877	2 003	2 486	2 230
ゴム製品	192	234	919	1 154	1 130	1 247	1 100
化学製品	4 089	4 523	5 509	7 249	7 679	9 098	8 420
石油製品	144	142	319	392	404	453	410
窯業製品	194	202	353	451	481	499	450
鉄　鋼　製　品	4 007	3 732	5 737	6 962	7 423	8 741	7 560
金　属　製　品	4 434	4 966	7 236	9 330	9 710	11 418	10 200
一　般　機　械	25 285	30 351	53 525	69 201	70 711	83 560	73 410
電　気　機　械	5 510	5 361	15 311	19 553	19 430	23 021	20 220
輸　送　機　械	5 825	5 958	9 398	12 044	12 453	14 867	12 860
精　密　機　械	1 405	1 775	4 441	5 460	5 680	6 425	5 560
建　　　　設	2 190	2 484	3 106	4 252	4 402	4 950	4 270
そ　の　他	131 293	145 775	64 371	81 683	85 478	120 914	107 510
合　　　　計	189 007	210 156	177 282	226 830	234 504	296 515	262 000

大が見られています.図6.1は最近の油圧空気圧機器出荷額の推移を示すものであり,表6.2 (p.131参照) はその機器別出荷額 (日本フルードパワー工業会資料) と需要分野別構成比です.ここで注目に値することは総出荷額の増加率の大きいことと,その他と不詳とを合わせると60数パーセントに達していることです.このことは正に空気圧機器が産業機械の広い分野に手軽に利用されていることを物語るものと考えられ,興味ある資料といえましょう.

一般に工場内には0.6〜0.7 MPa程度の空気圧源が既設されているので,必要に応じて制御弁とアクチュエータをそろえるだけで,手軽に空気圧機器を用いた合理化投資ができることを示すものとも解釈できましょう.特に最近に至って,若干労働力の過度な不足と単純作業の合理化気運もあり,かつ制御性の良い電気・電子システムとの複合した高度化技術の急速な進展にも促され,平成12年には,油圧機器を超えて,3 000億円にも達する勢いを示していて,心強いものがあります.

6.2 建設機械・産業車両に見られる強大な操作力とその制御性

夏の熱い日,冷房装置のフル稼働で電力の供給の不足が懸念される昨今ですが,戦後生活当初,熱源としての電熱器の大量使用が原因で毎夜停電があったことを記憶しています.資源の少ない我が国が加工貿易立国を決意し,付加価値の高い工業製品の製造を国を挙げて取組み始めたのもちょうどそのころのことでした.さて本題の建設機械の本格的な開発取組みも期を一にしています.昭和27年に国策会社 (電源開発促進法に基づいた電源開発株式会社) が設立され,各地の水力電源地域の開発計画が進められました.重力式の佐久間ダムの工事が進められ昭和52年から4年という驚異的な短期

6.2 建設機械・産業車両に見られる強大な操作力とその制御性

間で完工した記録は，近代技術史の第一ページを飾るにふさわしい出来事でした．このことは国民の目を新技術の発展に集め，その後の国家政策の遂行に自信を与えるものでした．そしてその主役が米国のユークリッド社の200馬力の15tダンプトラックであったわけです．もちろん我が国のメーカも全力を傾けて，高圧油圧ポンプ，油圧ダンプシリンダ，パワーステアリング，その他多くの開発目標の克服に日夜努力したことが記録に残っています．当時他の水力発電所開発計画においても，あまりにもダム工事期間が短くなったので，水車，発電気製造メーカが工期遅れを克服するのに，大変な無理を強いられたというはなしをよく耳にしたものです．東京の水源の奥多摩ダムの工事が途中中断があったにせよ昭和13年から約20年がかりであったことと合わせ考えれば無理からぬ事といえるでしょう．人間の動力をよく1/15馬力と仮定しているようですが，さきほどの200馬力のダンプはさしづめ3 000人力と単純計算されます．当時のパワーショベルの主力は機械式であったようですが，昭和38年ごろから，油圧ショベルの開発気運が急に高まりをみせ，欧州系のライセンス生産車に国産車が参入し始めたとされています．今日の生産高の大きさと，優秀な性能を思うとき，人間の意欲と創造性の相乗効果の偉大さに思い当たるわけです．図6.2は建設機械推定保有台数の推移を示します．以下，これらの中から二，三について油圧システムを中心に概説することとしましょう．

（1） ダンプトラック

天下の公道をすさまじい音をたてながら走り去るダンプも，考えてみれば1 000人力以上のパワーがあることを思うと，当時の血気盛んな若者の運転手の気持ちもわからないわけではありません．これは油圧の力で荷箱を押し上げて傾けるチルト機構に用いられるアクチュエータの問題となります．開発の歴史を見ると後方形で10形

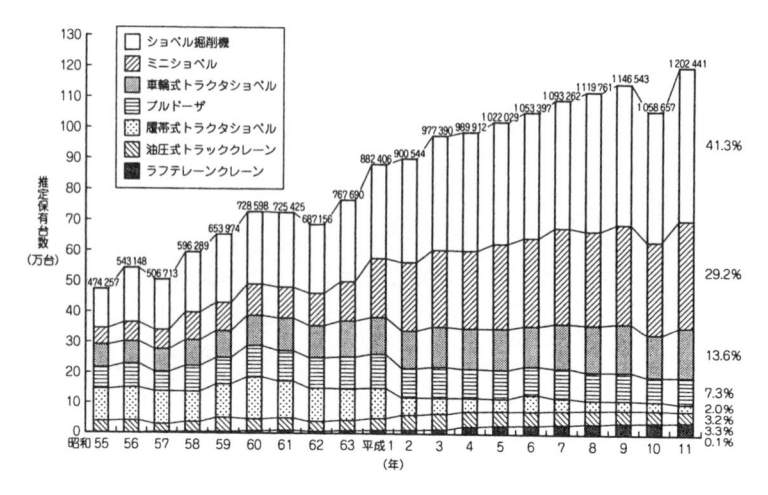

図 6.2 主要建設機械の推定保有台数の推移（建設機械工業会資料）

式，横転形で3形式とあるので，多くの試行錯誤の末，現在のストロークを十分とるのに便利なテレスコープ形シリンダ式とリフトアーム・引っ張りリンク形が主流となったようです．切換弁も上昇，保持，下降そして走行中の浮動の4位置となり，他の機種に比して油圧システムとしては簡単な機構となっていますが，リリーフ弁やチェック弁が要所に組み込まれていて，操作の安全が確保されていることは申すまでもありません．

（2） **油圧パワーショベル**

本来掘削と積込みの機能を目的とするパワーショベルではありますが，バケットの巧みな操作を可能にする油圧回路構成を開発し，地ならし，みぞ掘り，法面仕上げ，はては砂のまき散らし，杭打ちなどまでの作業を行い，他の掘削系建設機械の領域まで作業範囲を広げてその利用性を高めています．

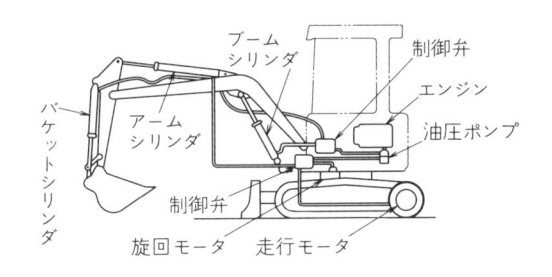

図中ラベル: ブームシリンダ、制御弁、エンジン、油圧ポンプ、アームシリンダ、バケットシリンダ、制御弁、旋回モータ、走行モータ

図6.3 油圧パワーショベルの油圧装置

　油圧システムについては普通，図6.3に示しますようにバケット用シリンダ，二つのブーム用シリンダと旋回並びに左右の走行モータなどのアクチュエータの計6個が使用されています．これに対して，高圧のピストンポンプ二つが用いられ，スムーズな作業特性を得ることが工夫されています．

　またコントロールバルブは油圧ショベルの制御機能の中枢をなすものだけに，各社各形式にわたって独自な工夫をこらした開発努力の行われたところといえましょう．一般にバルブ本体は1～3個の一体構造とし，優先回路や合流回路，再生回路が組み込まれているほか，切換用制御弁のバルブスプールの切換途中でメータリング制御をして，スピードコントロール用の流量制御弁の機能を代行させて，巧みに負荷特性に合わせたメータイン，メータアウトあるいはブリードオフ回路の構成を機能上マスタするなど，建設機械独特の油圧システムが工夫されています．

（3）　トンネル掘進機

　古来，地下にトンネルを掘り，山や海にわずらわされず歩いて交通することは人類の夢であったことでしょう．いまでは新幹線がトンネル内を走ることは，風雪や騒音などの点で建設計画ではむしろ

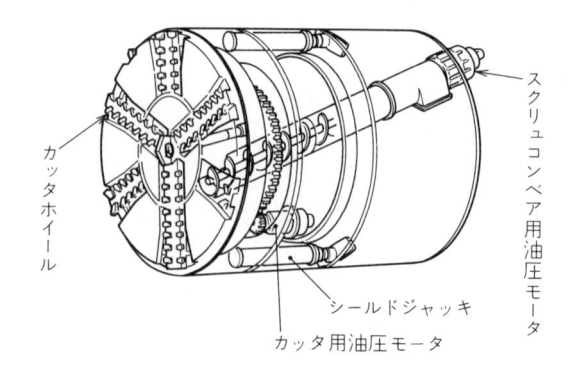

図中ラベル:
- カッタホイール
- スクリュコンベア用油圧モータ
- シールドジャッキ
- カッタ用油圧モータ

図 6.4 トンネル掘進機[3]

メリットがあることと考えることもできましょう．子供のころ"青の洞門"のストーリーに感動を覚えた一人である私には感傷的にならざるをえません．

さて，掘進機はまず①掘進，②排土，③推進，④その掘り進んだ後の空間に杭壁の一部となる円筒状のセグメントの構築など，多くの機能を順序よく統括してトンネルを掘り進みます．

油圧システムはこれら機能を 4～5 台のポンプとモータ並びに 10 数本のジャッキ作用を行わせるシリンダ，さらに各種の機能を発揮するための圧力制御弁，チェック弁などを伴った主切換弁や選択弁などによって構成されます．図 6.4 はトンネル掘進機の概念図を示しますが，機械外径 3 m で長さが 4 m ほどといいますからもぐらに比べて大変大きな機械構造物といえましょう．

（4）フォークリフト

人間が重い荷物をもって所定の場所に移動し，整理をするという作業は，重要な仕事ですが大変骨が折れるし，また危険を伴うもの

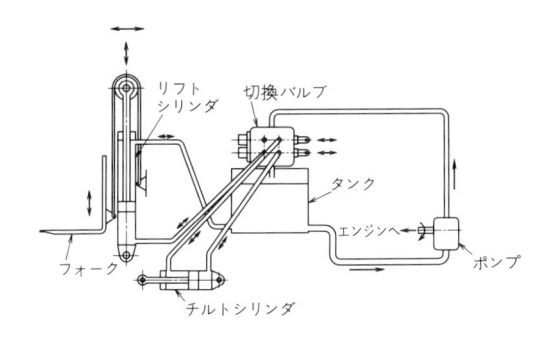

図 6.5 フォークリフトの油圧装置

です．これに肩代わりして，更にパワフルに油圧化された機械がフォークリフトです．私達は倉庫や工場内を重い荷物を捧げもって，みずすましのように軽快に走り回っている光景をよく眼にしています．油圧回路としては，油圧源とオイルコントロール弁と称する調圧弁，リフトスプール弁，ティルトスプール弁などの複合弁とリフトシリンダとマストの傾斜安定用のティルトシリンダなどのアクチュエータからなっています．走行操作用ステアリングブースタはハンドル操作を軽くするのに役立たせています．人間をして重労働から開放したという点で評価されてよい油圧化のメリットといえましょう．図 6.5 はその油圧装置の概略を示します．

(5) **モータグレーダ**

世界の道はみなローマに集まると豪語した，あのアッピア街道に代表される石畳みの道路は印象の深いものがあります．道路は文化や文明の発達のシンボルといってもよいでしょう．モータグレーダは現代の道路作りの主役として，他の建設土木機械の助けをかりた後の最終表面仕上げに活躍しています．最近道路の良く整備された

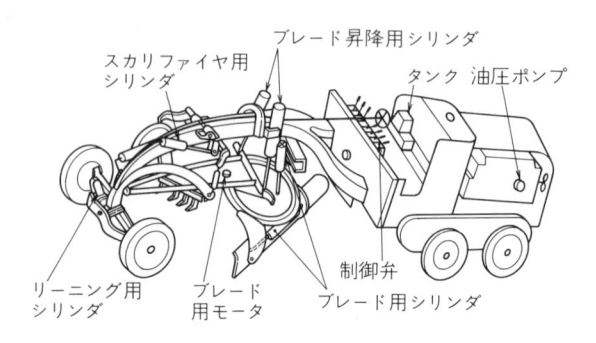

図 6.6 モータグレーダの油圧装置

都会では，なじみが少ないようなので図 6.6 にその概念図と油圧システムの各機能と機器名を付記しましょう．

長い前後輪間に取り付けられる土工装置はブレードと称して，上下左右斜に自由に動かすことができ，平坦面を作るだけでなく，斜面や溝も作ることができます．また固い路面の掘り起こしを行うことのできる補助装置のスカリファイヤがその前方に装着されています．田舎道の砂利道の表面補修や雪国の高速除雪など，単に高度なアスファルト道路の仕上げ用のみならず，私達の日常生活に深くかかわりをもつ建設土木機械ということができます．

6.3 農業の機械化に寄与する油圧

人力に代わるものとして，牛や馬の畜力の活用は古代から人間の智恵として定着していましたが，中世末ごろより，馬具の改良により牽引力を 4〜5 倍に増加させ，蹄鉄により足を保護し，さらに新しい犂刃（すきば）の発明は農法の近代化に勢いをつけ，農奴の開

6.3 農業の機械化に寄与する油圧

表 6.3 主要農業機械年次別普及台数（千台）

年次＼機種	耕うん機 (歩行用トラクタ)	乗用トラクタ	コンバイン	動力田植機
1937	1	—	—	—
1953	35	—	—	—
1964	2 184	13	—	—
1971	3 201	267	84	46
1976	3 183	721	428	1 046
1980	2 751	1 472	884	1 746
1985	2 579	1 854	1 109	1 993
1990	2 185	2 142	1 215	1 980
1995	1 718	2 313	1 203	1 869

（農業機械化広報より）

放に寄与したことは歴史の示すところとなっています．英国における 18 世紀の産業革命の成功もルネッサンス（14～16 世紀）と科学革命（17 世紀）の遺産を活用した，農業機械の近代化に伴う領主の荘園からの農民の解放によるところが大きいことは，史家の等しく認めるところとなっています．都市に集まった解放農民は，やがて良質な技（わざ）を身につけた工場労働者へと変身し，世界支配のパックスブルタニカの原動力となって，新しい社会秩序をかたち作っています．

20 世紀末の現代においても，米国の大農法的農業機械とは一味違った，我が国独自の集約的米作農業機械の発達は，目を見張るものがあります．表 6.3 は最近における農業機械の普及台数の推移を示します．

農業の近代化の手初めは，耕うん機とトラクタにより人間を力仕

事より解放したことから始まりました．しかし農民の願望と夢はなんといっても田植機の出現ではなかったでしょうか．

その田植機の重要な設計要目は①深植は稲苗を腐らし，浅植は浮苗としがちとなるため，これを自動制御によってその深さを調節すること，②は場の深さに応じて，機体の高さの自動調節を行うことなどにあります．これらをすべて油圧システムを活用して行うことができるようになったのですから，正に夢の実現に油圧が貢献しえたこととして開発者は誇らしく思っていることでしょう．いま米作りが，グローバリゼーションの潮流のなかで問題となっていますが，農業機械の発達に伴う農法の合理化による経済性の追究は，その解決への最も重要な視点といえるのではないでしょうか．我が国の技術革新による産業技術と経済の驚異的な発展の基本要因の一つに，第一次産業従事者が第二・三次産業へ大幅に移動したことによるとされる国家統計がそれを正に物語り，英国の産業革命の例と比較して，興味ある社会現象と見ることができましょう．

稲刈作業用のコンバインも，小形軽量化し湿田向きとし，かつ作物の穂先のみを刈り取り脱穀する，自脱形にするなどの改良を加える工夫が，先の田植機などと同様，油圧の力と制御性を利用しています．油圧はこれからも農業の生産性を向上させ，快適で楽しい農作業の実現に協力していくこととなりましょう．

6.4 プラスチック加工機械における油圧の力とシーケンス制御

プラスチックはかつて，夢の新素材として，各方面から注目されその化学的性質や強さや硬さなどの物理的性質が研究され，非常に多くの樹脂状合成高分子材料が開発されて現在に至り，最も私達の身近にある普通の工業材料と思われています．一般に新素材といわ

れて世の注目を浴びている間は,工業材料としては未完成のものを指していうのではないかとさえ思われます.一般的性質としては熱可塑性のものと熱硬化性のものに大別されます.前者は加熱によって軟化流動し,後者は加熱によって成形固化して非可逆的な状態変化をいたします.プラスチックの成形は金属材料の場合と異なって,液状,粉末状あるいはペースト状などの成形材料を直接最終製品にすることが多く,金型さえ作ればあとは加工機械によって簡単に量産することができます.

成形方法によって,射出成形,圧縮成形,押出し成形,吹込み成形など多くの加工機械が開発されています.以下,典型的な二,三の加工機械について油圧の活用の状況を説明いたしましょう.

(1) 射出成形機

熱可塑性プラスチックの代表的成形で,金型のなかに加熱流動状態の成形材料を加圧注入して,冷却固化した後,金型を開いて製品を取り出す機械です.油圧システムとしては,金型を開閉する型締め回路,原料を溶融し一定量を計量して射出する回路とが主体となります.射出成形の充てん工程における射出速度とその圧力を3～4段階に可変操作することによって,省エネルギー化するとともに,良い仕上りの製品を得る必要があります.このため最近では,新技術として我が国で独自に開発された電磁比例流量弁と電磁比例リリーフ弁が活用されて,その性能の向上に寄与しています.射出部のスクリュー駆動用油圧モータは,比較的大きなトルクと遅い回転とが必要なため,中・低速大トルクモータが用いられています.図6.7は射出成形機の油圧回路の概念図を示すとともに,電磁切換弁などのシーケンス制御の1サイクルの順序を説明するものです.

(2) 圧縮成形機

この形式の圧縮成形機は,ベークライトの出現以来最も歴史のあ

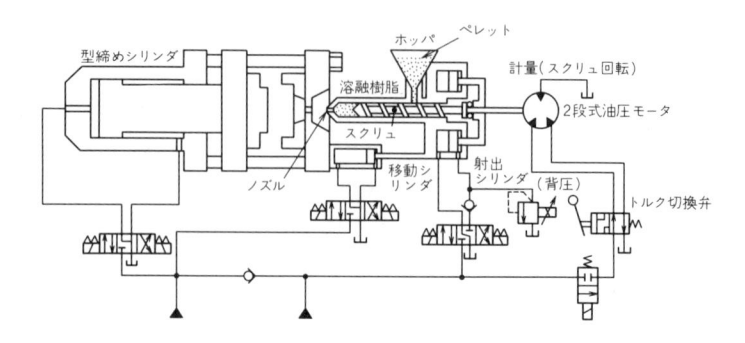

図 6.7　射出成形機の油圧回路[3]

る樹脂加工機械として親しまれてきたものです．ただ今日のものは一般に油圧自動化システムを大幅に取り入れ，原料の計量から金型への挿入，上金型の前進・後退のタイミング，成形品の弾き出しなど，10工程以上のシーケンス作動を行えるものが製品化されています．原料のプラスチックは熱硬化性のエポキシ樹脂，メラミン樹脂やポリウレタンなどが普通です．

（3）　**中空成形機**

　加熱軟化した熱可塑性プラスチックを，射出成形機のノズルからチューブ状に押し出し，その直後に二つ割りの特殊な金型で両側からはさみ込み，チューブの中空部に空気を吹き込むとやわらかいチューブはふくらみ，金型の内面に圧着されて成形されます．図6.8にその加工順序を示しました．原理的にはガラスびんを作るときの作業と同様ですが，油圧機構を全面的に活用したシーケンス制御によって全自動化したものが普通用いられています．プラスチック容器が比較的安く作られるのは，このような機械で連続的に短いサイクルタイムで生産されるからで，私達の日常生活用品のなかからも

押出成形機ヘッド
ダイ

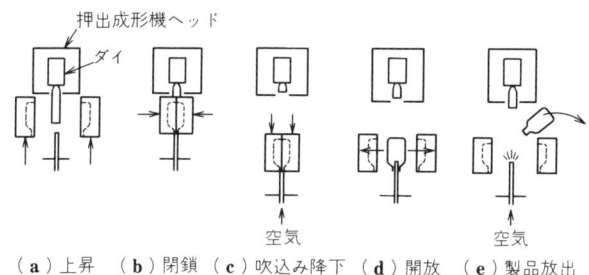

(a) 上昇　(b) 閉鎖　(c) 吹込み降下　(d) 開放　(e) 製品放出

図6.8 中空成形機の成形順序[3]

しプラスチックが消えたらどうなるかなど考えると石油の枯渇問題は大変なことと思えてなりません.

6.5 工作機械の自動化の陰の力：油圧と空気圧

"機械を作る機械"という人間の文明の象徴ともいえる役目を果たす工作機械は，一般産業技術の進歩を先取りするかのように常に革新技術を複合化しながら今日に至っています．どのようにすばらしいアイディアも，適当な材料と工作技術の助けなくしては実現いたしません．パスカルの定理がモーズレーらによる旋盤が出現するまで一世紀半も実験的に確かめられなかったのに，かたやブラマーは1797年にモーズレーの協力によって，短時日で水圧プレスの開発に成功しています．

現代における技術革新のリード役である半導体素子のICやLSIの製造も，各種超精密加工用の各種工作機械があってのことであることは周知のことでしょう．

工作機械は種類も多く (JIS B 0105によると29種類)，その機

能の複合化による機種も多様化する一方，単機能化による専用機のシステム化ともいえるトランスファマシンの出現，さらに周辺技術の進歩に促されて，自動制御技術を全面的に取り入れた多品種少量生産の需要への対応は，コンピュータの援用による電気・油圧・空気圧技術の総合力による数値制御（NC：Numerical Control）工作機械が生産の主流となってきたようです．技術の進歩はとどまることを知りません．工具を自動交換することのできる装置（ATC：Automatic Tool Changer）をこれに付加したマシニングセンタ，さらにはこれらの NC 工作機械を複数台，ホストコンピュータによって統合制御して，多様化した工作作業の自動化（FMS：Flexible Manufacturing Systems）が行われるに至っています．図 6.9 は FMS 機械加工ラインの配置図の一例です．しかもその機械加工の指令がコンピュータによって設計されたもの（CAD：Computer

6.5 工作機械の自動化の陰の力：油圧と空気圧　　　145

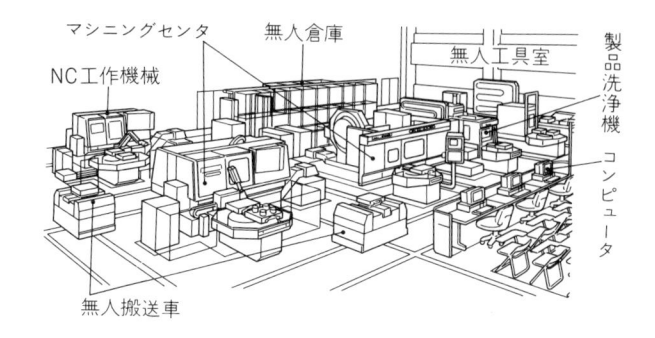

図6.9　FMS機械加工ライン

Aided Design)であるというのですから，私達は技術者に生涯学習が必要だと声を大にして叫ぶ関係省庁の方々の気持もよくわかる気がします．

（1） トランスファマシン

昭和30年代初期に国産トランスファマシンの第一号機が誕生したといいますから，日本の自動車産業幕明けがそのころであったと考えてよいのでしょう．当時の産業界では，革新生産技術の象徴として，その生産性と標準化された互換性のある，良い工作機械システムとして高く評価されていました．このシステムは，中央に配置したベッド，インデックス，回転テーブルに対して，中ぐり，穴あけ，タップ立て，フライス削りなどの切削用ユニットを円筒状に並べて，シーケンス油圧制御によって加工工程を進めるダイヤル形専用機や，これを左右に配置したトラニオン形へと複合化したものに発展しています．さらにエンジンヘッドのように工程数が数十に及ぶものになりますと，工作物を直線的に移送して，単純化された切

削加工用ユニットを加工工程順に配列し,ユニットを通り過ぎることにより必要な加工が終了する,いわゆるトランスファマシンへと進化していきました.これらの工作物の取付け固定,移送位置決めなどの自動化機構が油圧技術あっての装置化ではありましたが,同時にその高度なシステム的技術要望にこたえるべく,油圧機器そのものの性能の向上,あるいは配管よりの油漏れ対策,油温上昇による諸問題の解決など,多くの研究開発の分野が展開し,技術の進歩のトリガーとなりました.

これらの操作力はあまり大きくないということもあって,油圧に代わりオール空気圧システム化にしたり,油圧・空気圧・電気の複合技術化して,その特質の良い面を強調し,欠点の補足を行う合理的なシステム化が進められています.

(2) **数値制御工作機械**(NCマシン)

当初工作機械に油圧システムが導入された設計的メリットは,主軸の回転数が油圧モータの流量制御により無段変速が可能なこと,各部の送り機構の計画に自由度が大きいこと,コンパクトで比較的大きい力が発生することなどにありました.しかし近年,電気材料の急激な進歩に促されてパルスモータなどの性能向上が著しく,その動力密度が上昇するなどの結果,電子制御系との結合の良さとも重なりあって,数値制御工作機械用の小動力アクチュエータ分野での油圧のテリトリーを電気・電子システムにその座を譲ることとなりました.しかし,テーブルの移動や工作物の移動用のパレットのトランスファなどの作業には,その特徴が買われて油圧システムが担当しています.ここでは油圧はどうも力もちの裏方の観は免れません.

(3) **万能円筒研摩盤**

私はかつて(昭和28年ごろ)日本製の万能円筒研摩盤を入手し,

そのテーブル送り用油圧システムの研究を手掛けたことがありました．その機械の原型は外国製で，当時聞いたところによりますと，そっくり同じに作ったようなのですが機械全体の重量は約1.5倍になってしまったとのことでした．さて，一事が万事油圧システムも形は同じなのですが，どうも性能はいまひとつ足りません．電磁切換弁もなかった時代ですので，そのテーブルの円滑な起動，停止と切換時のデセレレーションには苦労をしたことを記憶しています．私が油圧の分野に首を突っ込んだ縁もそのころからだと思っています．現在でも研摩盤のテーブルの駆動はもちろん油圧が用いられ，基本油圧回路として取り上げた幾つかのものが技術的に完成したものとして普及しています．

6.6 乗り物のハイテク化に貢献する油圧と空気圧

自動車といわず車両から子供遊戯機器に至るまで，人の乗るものには共通の諸要件を満足しなければなりません．まず安全，乗り心地，適当な速さそして操作性の容易さなど数え上げればまだまだありましょう．自動車に例をとってみますと，パワーステアリングによる運転の容易さ，パワーブレーキによる安全さ，ショックアブソーバによる乗り心地の良さ，大形バスなどになるとそれにエアクッションが加わります．これらはいずれも油圧と空気圧が主役の座を占めています．1章の空気圧機械の項で述べましたが，列車のブレーキや開閉扉の安全化に空気圧技術が1880年以来貢献し続けていることは注目に値することです．

（1）パワーステアリング

低速走行のコーナリングや車速に応じて適度な操作力の手ごたえ感をドライバに与え，操縦安定を増すためのもので，初めはトラッ

クや大形車専用のものと思っていましたが，最近ではほとんどの車に装備されるようになっています．ポンプはベーン形や歯車形が使われ，小形軽量で高信頼性そして低騒音が信条です．エンジンより動力を得る関係でその回転数が変化しても，定流量，リリーフ弁による最高圧力の制御が必要です．またリリーフ流量は高速回転時に多くなるので，これをポンプ吸込み口にジェット的にそのエネルギーを活用して，キャビテーションの防止に供するなどの工夫もされています．ロータリー弁はコントロールシャフトとバルブスリーブ及び両者を結合するトーションバーで構成されているアンダラップ4方弁です．ハンドルの操作時，路面からタイヤの受ける反力に応じた圧力を4方弁サーボ機構で制御しますので，操作トルクが少なくてすむことになります．

また車速感応パワーステアリングとなりますと，図6.10に示すように，高速走行時操舵に適度な重さ感覚を与えるために，ロータリー弁のA-B回路間に電磁弁の絞りを設け，車速に応じて絞り開度を調整するものなど，いろいろの開発努力がなされています．昭和49年にこのエレクトロニクス制御パワーステアリングが，世界に先がけて車両の操舵系に対するエレクトロニクス油圧制御技術が

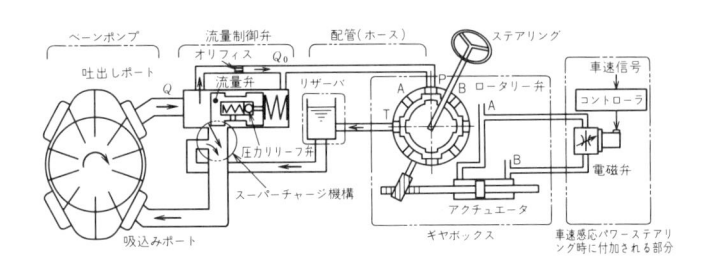

図6.10 パワーステアリングシステム油圧回路[3)]

完成し，現在は乗用車の約80％に装着されているとのことですから，私達は等しくその恩恵に浴していることになります．

6.7 自動化システムにおける空気圧

　自動化とは工業生産，事務処理その他人間が操作している作業を，人手を用いずにその一部又は全部の作業を行うことといえましょう．普通，連続順序作動や人の感覚，判断，記憶などに相当する機能を包含したシステムが構成されます．特に生産加工の自動化においては，まず労力の節減有効利用，能率向上とそれに伴う生産工数の減少，生産速度の増大，品質精度の向上，熟練度によるばらつきの減少，歩留り率向上，信頼度の向上その他数え上げれば更に多くの利点の追究が目的とされるでしょう．

　空気圧技術はその対応に関しては，他の方式に比して手軽に実施しうる特質のあることは，先に述べたところです．したがってユーザ自らが，まるでオモチャのキッドを購入して組み立てるように，平易に活用されている向きもあるものと思われます．さきの統計で需要分野不明の項が半数以上となっていることもこのことと関係あるものと考えられましょう．

　一般に空気圧利用の回路は，非圧縮性流体を使う油圧と違い，圧力も低く，自由度が大きく，クッション効果を自ら有し，安全性が高い特徴が本質的に備わっています．空気タンクはアキュムレータの役をしますし，リリーフ回路も必要なく，アンロード回路などは空気圧では単なるエネルギーロスにすぎません．自動化システムの空気圧回路は極めて単純明快であるということができます．

　以下，比較的興味のもてそうな事例を挙げ簡単におはなしいたしましょう．

150　　　　　　　　　　　　　6．油空圧利用のいろいろ

(1) 穴あけ専用機

　円筒形のワークに数十箇所にドリルによって穴あけ加工する専用機の例を挙げましょう．図6.11に示しますように，2組の水平

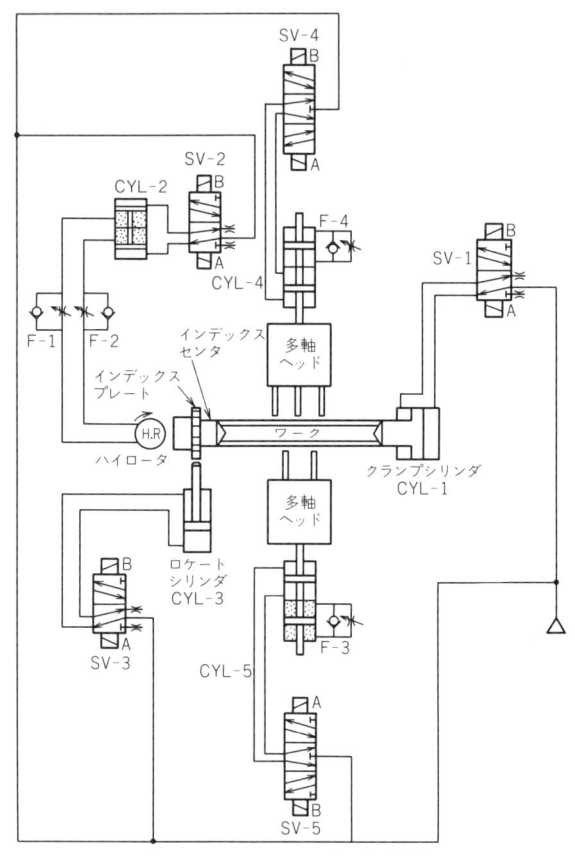

図 6.11　穴あけ専用機

対向型の多軸ドリルユニットに対して，中央にワークをセットし，上部にインデックス用揺動シリンダを取り付けてあります．シーケンス制御は電磁切換弁の指令によって行っています．ドリルの送り用と位置決め用のアクチュエータは速度制御をスムーズに行うため，メータリング用油圧シリンダを連結しています．

動作順序は①ワークをセットする，②穴あけ加工，③インデックス，④穴あけ加工を所定回数繰り返して作業を終了します．この場合には，ワークの取付け取外しは手動となっています．人力によって一つずつ正確に穴あけをすることを考えると，相当の合理化が達成できることとなります．

（2） 空気圧工業ロボット

図 6.12 に空気圧利用の工業ロボットの一例を示します．本体は旋回台，上下支柱，腕，グリッパから構成され，各部の駆動を空気アクチュエータで行っています．グリッパはワークの形状に合わせて作られ，機構としては，トグルタイプのものが多く，ときに真空吸着盤や電磁石なども使用されます．

制御は電気的に行われ，ピンボード，リレー，タイマ，マイクロスイッチなどにより，順次切換え，記憶，繰り返しなどがプログラムされ作動の指令が空気圧制御弁に伝わり，アクチュエータが駆動されます．

（3） 計量装置

食品や日用品の計量装置に空気圧は非常に多く利用されています．それは清潔であり防爆性があり，かつ手軽に設計できるからでしょう．図 6.13（p.153 参照）は粉粒体の品物を，空気圧シリンダの順次作動によって計量し，コンベア上のパック用フィルム上に落とし，置く装置の概念図です．そのシーケンス作動の空気圧回路は，空気圧基本回路の中では最も単純な作動に属するものと思

152   6. 油空圧利用のいろいろ

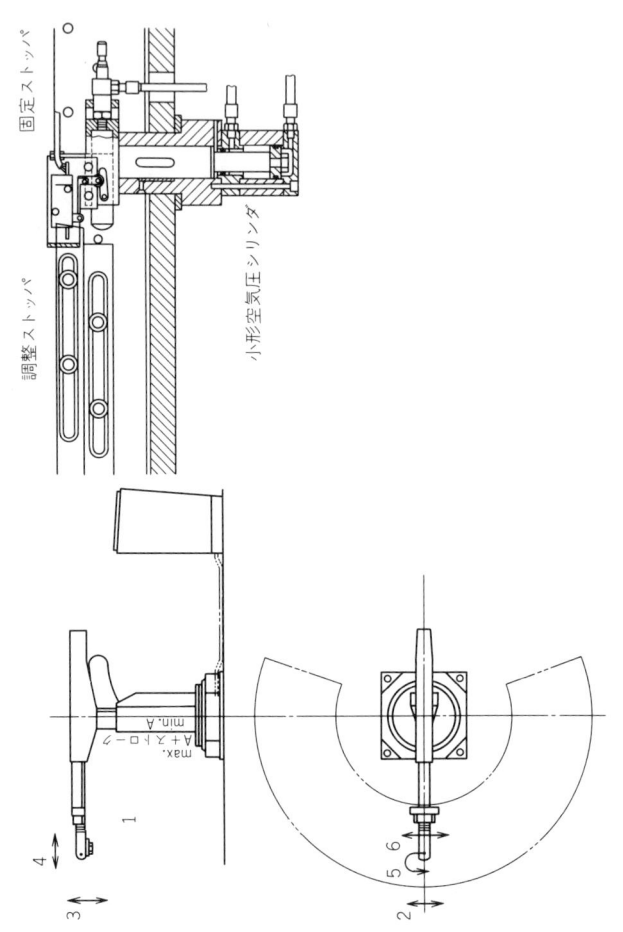

図6.12 空気圧工業ロボット

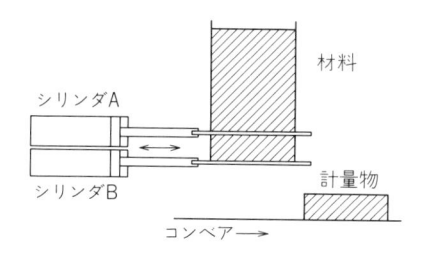

図 6.13　粉粒体計量

われます．実用的な回路を作ってみてはどうでしょうか．2本のシリンダを用いて，定寸決めをして，ホッパから勝手に落下するのを防いでいます．品物が菓子のあんのような場合にも，ホッパ，ゲート板などにわずかな工夫をすればうまくいきそうです．その他の品物についても考えてみてください．

6.8　自動溶接機における空気圧の利用

　我が国の機械工業を中心にした産業の急速な発展の原動力の一つは，自動車に使われるような薄鋼板の点溶接から船舶の厚鉄板ものの溶接に至るまでの溶接技術の進歩にあったことは周知のところです．特に自動車のシャーシやボディーの組立作業に，ロボットの手先につけられている電極から火花を飛ばしながら縦横に動き回るアームのスピーディーな動作は，テレビなどで見ていてもたのもしい限りです．ドリルで穴をあけて，リベットを挿入し，かしめるという作業を普通に経験して，学生時代を過ごした著者には感慨深く思えます．

　自動ショートアーク溶接装置におけるワークテーブルの回転，ト

ーチの移動などに使われる空気圧システム,台車付プロジェクション溶接装置などは,一つの機械として空気圧駆動が定着した事例の一つでしょう.ここでは点溶接の加工制御の行われる空気圧システムの例について少しおはなししましょう.

鋼板などの重ね抵抗溶接は,ワークのローディング,クランプ及びトランスファなどの周辺作業も空気圧操作が用いられるのが普通です.この溶接加圧は点溶接機の性能を左右する重要なノウハウが空気圧システムによって達成されます.点溶接が他の加工法と異なる点は溶接が数分の1秒で完了し,かつ溶接電流を流し始めると,溶接部が軟化し,電極の追随即応性が重要な鍵となることにあります.これが軟鋼などの場合は,溶接部生成時の塑性化がゆるやかなのですが,アルミニウム合金などでは,時間の経過と加圧力の維持などのタイムスケジュールは,相当厳密に計画されたプログラム制御を必要とします.図6.14にプログラム加圧制御の一例を示します.

このプログラム制御は,圧力スイッチとタイマの組合せにより,シーケンス制御されています.また電極加圧力の大きさは,2個の減圧弁により調整されて決まります.加圧にダイヤフラムシリンダを使用しているのは,即応性向上のためで,引上げシリンダとストッパの併用は,電極間隔を広くするための工夫です.

このほか興味のある溶接の一つに摩擦溶接法があります.もちろん大形となりますと,当然油圧が顔を出しますが,溶接断面の小さいものは空気圧操作となります.これは溶接する品物をまず突合せてクランプし,突合せ面に加圧力を与えながら,溶接物の一方を回転させ,その際に発生する摩擦熱によって,接合面を溶接する方式です.自動車のステアリングの長いシャフトの先端に旋盤加工された部品を取り付けるなどの工程には最適な加工法となるでしょう.

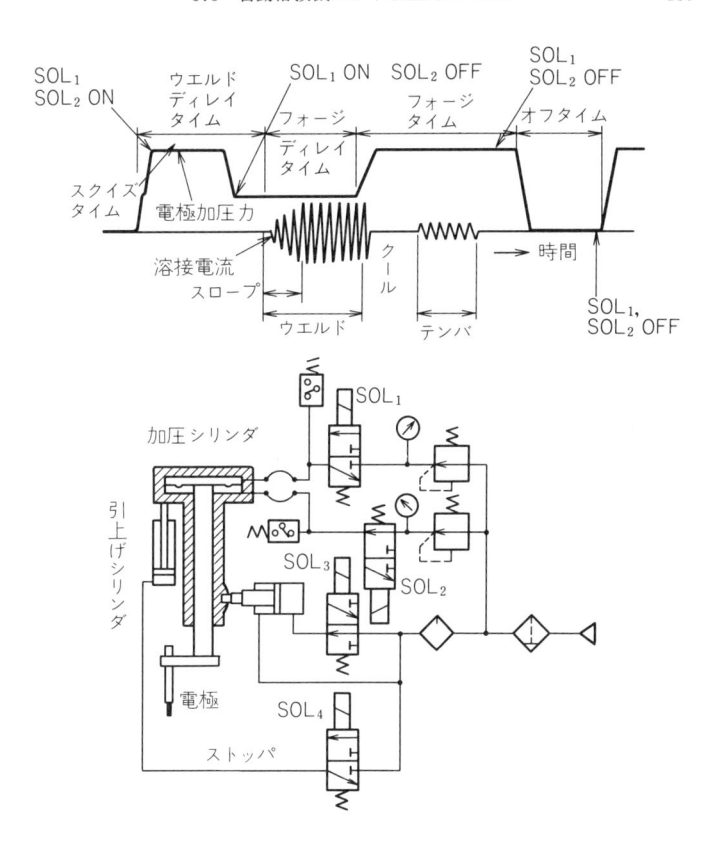

6.8 自動溶接機における空気圧の利用　　　　155

図 6.14 点溶接機の空気圧装置

7. エピローグ

7.1 パスカル

　フランスの科学者であり宗教思想家, 文学者でもあった油空圧原理の発見者のパスカルについて, その人間像とその発見の動機などについて少しふれてみましょう. 彼は, 数学その他の科学に造詣の深い父の影響もあって, 早熟の天才であったと伝えられています. 16歳のとき射影幾何学におけるパスカルの定理を発表（1640年）していますし, また父の徴税業務を軽減する目的で史上初の計算機を考案し製作しています. そして真空に関する"トリチェリーの実験"の報が伝えられると, 彼は当時学界の論議の的であった真空の存在を確証するため, 種々の実験を試み, トリチェリーの真空が大気の重さ, さらに, 一般的には流体の平衡に基づいて生じる現象であることに着目して, いわゆる"パスカルの原理"を確立しています（しかし, それを実験的に実証するには, 先に述べましたようにモーズレーによって, 正確にシリンダを製作できる旋盤の出現を見るまで, 150年の長さを待たなければなりませんでした）. また思想家としての彼は, 権威を認識の根拠とするスコラ自然学を排して, 実験と推論を重んずる実証主義的態度を打ち出しています. しかしその反面, 宗教と人間論の領域においては逆に, 人間の原罪と神の恩寵の絶対性を強調する復古主義的神学を奉じて, 当時の近代主義的傾

向に反対しています.このことは21世紀を迎えんとする現代の近代合理主義と人間中心主義的思考の行きつく,グローバル化していく世界のカオス的現象を予見するかのような,印象を与えるものといえましょう.

コペルニクスの地動説を主張し,伝統的なアリストテレス的世界像を葬り去らんとしたブルーノが,異端のかどでローマで焚殺されたのが,私達がちょうどルネッサンスの終了期と位置付けている,1600年であったことと思い合わせると感慨深いものがあります.

7.2 油空圧システムの工業標準化

油空圧技術の発達の歴史を語るには,その工業標準化を挙げずして進めるわけにはいきません.油空圧機器の応用分野の発展拡大に伴って,その工業標準化がますます重要なこととなりました.したがって,日本工業規格(JIS)を中心に,これに準じる各種団体規格などが早くから制定されてきていて,その体系が着々と整えられてきました.そして昭和45年に国際標準化機構のISO/TC 131(油圧空気圧機器専門委員会)が発足するに及び,我が国はPメンバとなって,SC 1~SC 9の各分科会で積極的な活動を続け,着々と成果を挙げつつあります.特に当時の我が国の産業界では例が非常に少なかった国際協力事業として,そのSC 1(油圧・空気圧機器に関する用語・分類・記号の標準化の確立)の幹事国を引き受け,その後,立派にその責任を果たし続けているということは,特筆に値すべきことといえましょう(なお,1996年にSC 7の幹事国に変更されている).

元来JISは製品の仕様のシリーズ化はもとより,その性能,寸法その他多くの点でその標準化を図り,生産におけるコストの低減,

7.2 油空圧システムの工業標準化

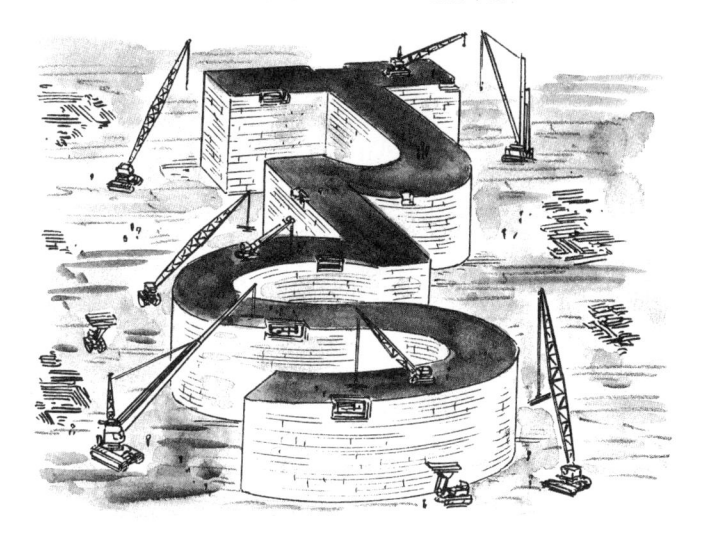

取引の単純公正化,使用,消費の合理化などに重要な役割を果たしてきています.しかし産業環境の進化に伴い,さらに,近年安全,環境保全,省エネルギーといった新しい立場からの要求が急速に高まって,JIS B 8361 "油圧システム通則" JIS B 8370 "空気圧システム通則" が制定されています.これは,

① 人体の安全
② 簡単で経済的な保全
③ 故障のない生産
④ 設備の長寿命の確保

その他設計要素として安全性,耐久性並びに保全性について明確に規定しています.

油圧空気圧機器が広い利用分野をもち,また広く一般産業機械の要素機器・装置として利用される使命を有する以上,その標準化は

必要条件であるという認識は当然のことと思考され,今後もその努力が各界の協力で推し進められることでしょう.

7.3 新技術開発への期待

我が国の油空圧技術は1960年代に産業機械分野における新技術として注目され,工作機械・造船・製鉄・プレス用として徐々に活用され始めました.当初はポンプ・制御弁・アクチュエータなどの機器そのものの高圧化・高速化など,その一般性能の向上とその信頼性の確保が主たる研究開発目標とされていました.70年代に至ると更に進んで,機器並びにシステムの低騒音化及び作動油のコンタミネーションコントロールや難燃化などに関する研究開発努力が盛んになるなど,利用環境への配慮が重要なテーマとなって,技術的成熟期を迎えています.一方,産業機械装置のメカトロニクス化による操作性・制御性の向上による高精度・高効率化は,油空圧機器の新たな技術開発の目標を与えることとなっています.LSI技術を中心としたME(マイクロエレクトロニクス)が,機械システムに取り込まれ,機械に知能を与え,機械に無駄の少ない合理的な制御性を与える傾向は,いまや新技術開発の主流となっています.特にその分野ではアクチュエータを制御する機器も比例電磁式制御弁からディジタル弁及びサーボ弁が着目されるようになってきています.しかし,従来よりのクローズドループ制御で使用するサーボ弁は,高精度・高応答ではありますが,コストが高く保守も難しい面があって,新たな展開が必要とされています.最近,ステッピングモータを電磁アクチュエータとして使用しているディジタル弁が開発され,コンピュータからの指令を直接増幅するのみで制御する,オープンループ制御によって,高精度のスプール位置決めができるシス

7.3 新技術開発への期待

テムが完成しています．またヒステリシス性能・再現性・過渡特性などの点でやや性能が低くなりますが，実用的に比例電磁式制御弁が安定した性能を発揮し，オープンループまたはクローズドループ制御で使用され，油圧システムのインテリジェント化が図られています．このほか省エネルギー化への対応も重要なテーマとして取り上げられており，今後の重要な課題として，作動油の難燃化とともに，各界で研究開発の努力が続けられています．

具体的には，電気油空圧システムのパッケージ化が図られ，マイクロコンピュータを含む電子制御器，各種センサなどがそれぞれポンプ，複合制御弁，アクチュエータと一体化してパッケージにされ，目標動作設定機能を有するプログラマブルコントローラ PC（シーケンサ）や各種モニタ機能も含めコンパクトにまとめられることになります．これらにより，省エネルギー性，信頼性，メンテナンス性の向上が更に進められることとなりましょう．このようなパッケージ化は，配管数を減らし，圧力損失を減少させ，熱発生を低減させるとともに油漏洩を最少限に食い止めるなど，多くの効果が期待できます．

また省エネルギー化の基本となる油圧ポンプとモータの可変容量制御法の開発が進められ，負荷感応制御方式，蓄圧回路方式，油動力回収方式などとともに実用化されてきています．特に負荷感応制御方式はメカトロニクスの適用とそのパッケージ化とにより更に進歩していくことと思います．

空気圧技術の特質上，自由度の大きい小動力の利用面が強調されて，広く産業機械の自動化，省人化に益々活用されるものと思います．それは先に述べました生産額統計数字の示すところでもあります．また油圧と同様，プログラマブルコントローラの導入による制御系の高度化・集積化による合理化が更に進み，空気圧技術と電気・

電子技術に各種のソフトウェアの技術要素が複合して，空気圧システムによる生産機械装置のメカトロニクス化・インテリジェント化が更に推進されることでしょう．

7.4 21世紀へのアプローチ

18世紀末，ブラマーらによる水圧機の開発に端を発した，19世紀のハイテク技術としての水圧機万能時代も，交流電動機の出現によりその主役の座を譲らざるをえませんでした．しかし20世紀に入り石油時代を迎えて，豊富で特性の良い作動油の供給のもと，油圧化による産業機械のハイテク化が急速に進展しました．そして，20世紀後半に至りトランジスタ，IC更にLSIへと電子技術の急速な発達は，産業の形態を重厚長大形から軽薄短小形へと変革を促してい

7.4 21世紀へのアプローチ

ます．21世紀へのアプローチとしての現在は人間と機械，人間とその環境，エネルギー資源とその枯渇化など，解決の難しい多くの問題の，グローバルな規模での対応が迫られています．しかし，地球に重力の加速度がある限り，"油圧"は水性作動液を使ってでも，また，"空圧"は自然の空気を使うなど，ともかく人間が存在する限り，私達の良きサポータとして活躍し続けることもまた事実となるでしょう．

　以上，油空圧技術の誕生とその発達のものがたりについておはなしを進めてきました．しかしそれは人類の文明と文化の流れに乗って中流にたどりついた，一艘の小舟の物語に例えられましょう．私達は，ギリシャのアリストテレスのコスモス的宇宙像に代表される，古典科学から出発し構築された，中世までの知的活動に片寄ってしまったとされる科学的思考が，ロジャー・ベーコン（R. Bacon, 1235-1315）らによる"理論的方法と実験的方法との結合"についての提唱による，ものの見かた考えかたの変革を，高く評価せざるをえません．これが15世紀におけるルネッサンスを誘起し，17世紀の科学革命そして産業革命へと発展し，今日の科学技術の発展を決定付けています．

　こうして理論と実践の結合の気運は，中世以来の職人的実践とギリシャ以来の理論的遺産とが初めて触れ合い結び付く機会を実現しています．レオナルドに見られる理論的にして，しかも実践的な技術的知性は，彼の後に続いて近代的科学技術をうち立てた人々にうけつがれ，多くの科学技術的成果が生み出されています．パスカルにもボイルにもその他数限りない科学者，技術者の輩出も，その潮流に乗り出した多くの舟とその乗務員になぞらえることができましょう．

　この科学技術的に輝かしい発展を遂げた20世紀も，地球環境エネ

ルギー,そして民族・南北問題とその技術移転など,多くの課題を残しつつ21世紀を迎えております.しかし,科学技術の永遠を信ずる私は,18世紀に製鉄用木炭資源としての森林の枯渇という,当時としては非常に大きなハードルを乗り越えた,ダービー家三代による努力と英知の結晶としてのコークス製造技術の出現,また石油ショックの際の「省エネルギー対策」など,かつて発生した数多くのグローバルな難局を,その都度克服しつつ発展し続けて来た,尊い歴史を有することもまた事実であります.私達人類は,必ずや良き解決策を見いだしうるものと,多くの期待と夢をもち続けつつ,ここに筆をおくこととします.

引用・参考文献

1) 日本油圧工業会編(1986)：油圧，創立30周年記念特集，29-2，p. 65
2) 日本油空圧学会編（1990）：油空圧の進歩100人の証言，久保田 p. 175，佐藤 p. 186，高橋 p. 206，中石 p. 226，大西 p. 151，辻 p. 6，沼沢 p. 240
3) 日本油空圧学会編(1989)：油空圧便覧，pp. 628，630，640，644，オーム社
4) D.S.L. Cardwell, 金子務訳（1984）：技術・科学・歴史，河出書房
5) R.J. Forbes, 田中実訳（1965）：技術の歴史，岩波書店
6) 辻 茂（1965）：油圧工学，日刊工業新聞社
7) 辻 茂（1970）：空気圧工学，朝倉書店
8) 辻 茂編（1983）：油空圧技術マニュアル，日本規格協会
9) 木村陽二郎編（1971）：科学史，有信堂
10) 日本油圧工業会編（1986）：実用油圧ポケットブック
11) 日本油空圧工業会編（1990）：実用空気圧ポケットブック
12) Daniel Bouteielle, 戸塚栄訳（1987）：電・空制御による自動化技術
13) 辻 茂（1976）：流体機械，実教出版

索　　引

【あ　行】

アキシアルピストンポンプ　59
アキュムレータ　92
アクチュエータ　63
圧縮成形機　141
圧力制御回路　86
圧力制御弁　67
圧力補償付流量調整弁　71
AND 回路　121
アンロード回路　89
アンロード弁　69
インタロック　108
運動方程式　43
運動量保存則　43
ASA　85
エネルギー保存則　46
OR 回路　120

【か　行】

記憶回路　123
逆止め弁　72,76
急速排気弁　78,112
切換弁　72
空気圧モータ　61
クッション回路　111
工業ロボット　151

合成作動油　33

【さ　行】

サージ圧　107
酸化防止剤　36
シーケンス回路　91,118
シーケンス制御回路　117
シーケンス弁　68
JIC　85
質量保存則　42
自動連続操作回路　115
射出成形機　141
消泡剤　36
水性形作動油　33
石油系作動油　34
層流管摩擦　47
速度制御回路　95

【た　行】

断熱変化　41
ダンプトラック　133
チェック弁　76
中空成形機　142
デセラレーション弁　70,95
等温変化　40
同期回路　101
トランスファマシン　145

トンネル掘進機　135

【な　行】

難燃性作動油　37
粘度指数　34
　——向上剤　36
NOR 回路　124
農業機械　139

【は　行】

歯車ポンプ　55
歯車モータ　55
パスカルの原理　49
パワーステアリング　147
否定回路　124
VI (Viscosity Index)　34
フォークリフト　136
プラスチック加工機械　140
ブリードオフ回路　96
ベルヌーイの定理　46
ベルヌーイの方程式　46
ベーンポンプ　58
ベーンモータ　58
方向制御回路　102

方向制御弁　72
ポリトロープ変化　42

【ま　行】

メータアウト回路　96
メータイン回路　96
MEMORY 回路　123
モータグレーダ　137

【や　行】

油圧作動油　33
油圧シリンダ　64
油圧パワーショベル　134
油性向上剤　36
揺動形アクチュエータ　63

【ら　行】

流量制御弁　71
リリーフ弁　67
連続の式　42
ロッキング回路　103
論理回路　120
論理積回路　121
論理和回路　120

辻　茂
つじ　しげる

1949年	東京工業大学機械工学科卒業
1961年	工学博士
1970年	東京工業大学教授　工学部
1975年	日本工業標準調査会委員
1977年	日本工業標準調査会　一般機械部会長
1983年	東京工業大学名誉教授
	藍綬褒章受章
1984年	青森職業訓練短期大学校長
1989年	青森県褒賞受賞
1990年	雇用促進事業団高度技能開発センター所長
1995年	実践教育訓練研究協会副会長　現在に至る
1998年	勲3等瑞宝章受章

主な著書
『流体工学』，『油圧工学』，『自動化ハンドブック(共著)』，
『空気圧工学』，『流体機械改訂版』他

油圧と空気圧のおはなし　改訂版

定価：本体 1,300 円(税別)

1992年2月20日　第1版第1刷発行
2002年2月25日　改訂版第1刷発行

著　者　辻　　　茂

発行者　坂　倉　省　吾

発行所　財団法人　日本規格協会
〒107-8440　東京都港区赤坂4丁目1-24
電話 (編集) (03) 3583-8007
http://www.jsa.or.jp
振替　00160-2-195146

印刷所　㈱ディグ

権利者との
協定により
検印省略

© S. Tuji, 2002　　　　　　　　　　　　　Printed in Japan
ISBN4-542-90248-X

当会発行図書，海外規格のお求めは，下記をご利用ください．
通信販売：(03) 3583-8002　　海外規格販売：(03) 3583-8003
書店販売：(03) 3583-8041　　注文ＦＡＸ：(03) 3583-0462

おはなし科学・技術シリーズ

おはなし生活科学
佐藤方彦 著
定価：本体 1,553 円（税別）

おはなし生理人類学
佐藤方彦 著
定価：本体 1,800 円（税別）

おはなし人間工学
菊池安行 著
定価：本体 1,000 円（税別）

感性工学のおはなし
長町三生 著
定価：本体 1,553 円（税別）

化学工学のおはなし
青柳忠克 著
定価：本体 1,359 円（税別）

おはなしファジィ
西田俊夫 著
定価：本体 1,262 円（税別）

単位のおはなし
小泉袈裟勝 著 緒方健二・絵
定価：本体 980 円（税別）

続・単位のおはなし
小泉袈裟勝 著
定価：本体 1,100 円（税別）

はかる道具のおはなし
小泉袈裟勝 著
定価：本体 1,200 円（税別）

おはなし品質工学 改訂版
矢野宏 著
定価：本体 1,800 円（税別）

オブジェクト指向のおはなし
土居範久 編
定価：本体 1,748 円（税別）

おはなし統計入門
森口繁一 著
定価：本体 1,165 円（税別）

おはなしモチベーション
近藤良夫 編
定価：本体 1,500 円（税別）

油圧と空気圧のおはなし 改訂版
辻茂 著
定価：本体 1,300 円（税別）

ソーラー電気自動車のおはなし
藤中正治 著
定価：本体 1,359 円（税別）

燃料電池のおはなし 改訂版
広瀬研吉 著
定価：本体 1,400 円（税別）

海洋開発のおはなし
川名吉一郎・鶴崎克也 共著
定価：本体 1,359 円（税別）

宇宙開発のおはなし
山中龍夫・的川泰宣 共著
定価：本体 1,553 円（税別）

JSA 日本規格協会